"十三五"江苏省高等学校重点教材（编号：2018-1-136）

传感器与检测电路设计项目化教程

第2版

主　编　冯成龙

副主编　罗时书

参　编　徐　耀　陈

U0174447

机械工业出版社

本书以常见物理量的检测为着眼点，从企业实际工程项目应用组织内容，每个项目通过项目分析讨论实现思路，给出项目组成框图。以项目框图顺序组织内容，介绍项目所用传感器的选型、基本特性、应用电路，以及传感器信号调理电路的设计、电路参数计算和仿真，并在此基础上，完成相关检测电路的制作、调试，最终输出标准的电信号。

本书内容包括：热电阻测温仪检测电路设计与制作、电子秤检测电路设计与制作、交流电流检测电路设计与制作、简易酒驾报警器电路设计与制作、光控调光台灯电路设计与制作和简易超声波测距仪检测电路设计与制作。为了弥补某些电路理论介绍的不足，在每个项目中增加"相关知识"内容。

本书内容丰富、电路具体、参数翔实、实用性强，可作为高职院校电子信息类、仪器仪表类等相关专业的教材，也可作为相关领域工程技术人员的参考用书。

本书配有微课视频，扫描二维码即可观看。另外，本书配有授课电子课件，需要的教师可登录机械工业出版社教育服务网（www. cmpedu. com）免费注册，审核通过后下载，或联系编辑索取（微信：15910938545，电话：010-88379739）。

图书在版编目（CIP）数据

传感器与检测电路设计项目化教程／冯成龙主编. —2版. —北京：机械工业出版社，2021.6（2024.1重印）
"十三五"江苏省高等学校重点教材
ISBN 978-7-111-69010-8

Ⅰ. ①传⋯ Ⅱ. ①冯⋯ Ⅲ. ①传感器-检测-高等职业教育-教材②传感器-电路设计-高等职业教育-教材 Ⅳ. ①TP212

中国版本图书馆 CIP 数据核字（2021）第 171828 号

机械工业出版社（北京市百万庄大街22号　邮政编码100037）
策划编辑：和庆娣　　责任编辑：和庆娣
责任校对：张艳霞　　责任印制：邓　博

北京盛通印刷股份有限公司印刷

2024年1月第2版·第5次印刷
184mm×260mm·14印张·343千字
标准书号：ISBN 978-7-111-69010-8
定价：59.00元

电话服务　　　　　　　　　网络服务
客服电话：010-88361066　　机 工 官 网：www.cmpbook.com
　　　　　010-88379833　　机 工 官 博：weibo.com/cmp1952
　　　　　010-68326294　　金 书 网：www.golden-book.com
封底无防伪标均为盗版　　机工教育服务网：www.cmpedu.com

第2版前言

本书为《传感器与检测电路设计项目化教程》第2版，本版依据职业技术教育最新理念，采用基于企业岗位工作过程为导向的工作手册式编写模式，介绍的项目来源于企业实际项目，使内容更贴近企业岗位。

本版在第1版项目内容的基础上，增加了简易超声波测距仪检测电路设计与制作项目。每一个项目内容在编排顺序上采用基于岗位工作过程思路，安排了若干个任务，每个任务内容仅限于项目需要的知识学习和技能训练，第1版中与之相关的理论知识则安排到项目相关知识部分，供读者拓展学习。随着计算机仿真技术的普及和广泛应用，在每个任务中，尽可能地让读者利用仿真软件Proteus（或Multisim）对任务电路进行仿真，以提高学习效果，激发读者学习的积极性，也便于读者自学。然后，结合电路的设计与仿真，最后完成总体电路的仿真，并制作实物电路，进行实际电路的调试与测试，判断电路的性能。

党的二十大报告指出，加快建设国家战略人才力量，努力培养造就更多大师、战略科学家、一流科技领军人才和创新团队、青年科技人才、卓越工程师、大国工匠、高技能人才。本书实用性强、实施方便，既有电路基本理论分析，又有实践操作指导，是一本理论性和实践性都很强的教材。江苏电子信息职业学院冯成龙编写绪论和项目1，罗时书编写项目2和项目4，徐耀编写项目3，陈亮编写项目5，全书最后由冯成龙审阅并统稿。江苏电子信息职业学院的领导对本书的修订出版给予了大力支持与帮助，在此深表感谢。

本书为"十三五"江苏省高等学校重点教材（编号：2018-1-136），在此对省教育厅给予的支持深表感谢。

由于编写时间仓促，加之编者水平有限，书中不足之处在所难免，敬请读者批评指正。

编　者

第1版前言

随着 IT 技术的飞速发展，智能制造技术的推广和应用，尤其是德国"工业 4.0"和我国"中国制造 2025"的实施，传感器在其中扮演着非常重要的角色。传感器是感知和检测非电物理量的器件或装置，其输出信号形式多样且微弱、受外界干扰大，如何将这样的信号以标准信号的形式提供给智能化设备，这就需要各种各样的信号调理电路。《传感器与检测电路设计项目化教程》是编者在多年工程应用积累的基础上，进行整理、加工而成的。

《传感器与检测电路设计项目化教程》采用项目化编写结构，以"项目+任务"的形式组织内容，每个项目以一种具体物理量的检测为着眼点，以工程应用为主线，介绍了相关传感器的特性及各种信号调理电路，集理论分析与实践应用为一体。每个项目介绍一部分信号调理电路，如基本放大电路、高输入阻抗放大电路、线性整流电路等，实现信号调理电路与传感器应用的融合。

《传感器与检测电路设计项目化教程》在编写过程中，得到了多家企业的帮助和支持，满足教育部课程改革的要求，《传感器与检测电路设计项目化教程》具有以下特点：

1) 在总内容的安排上，以实际工程项目为载体，采用"项目+任务"的形式，符合实际应用。

2) 从实际工程项目中提取出项目要求，通过项目分析、传感器选型、信号调理电路的分析与设计、电路制作与调试，内容结构与企业项目开发流程一致。

3) 针对检测对象，介绍了常用传感器的原理与特性，对相关的检测电路进行了详细分析，突出传感器信号调理电路，符合电子信息类专业的教学要求。

4) 分析了相关信号调理电路的结构与原理，给出了详细的参数设计，对部分电路进行了仿真，理论与实践相结合，符合高技能人才培养的要求。

5) 项目来源于工程实践，在单元电路分析的基础上，最终给出了具体的检测电路和电路调试步骤，供学习者实践，实施性强。

全书由 5 个项目组成，分别为：温度测量仪检测电路设计与制作、电子秤检测电路设计与制作、交流电流表检测电路设计与制作、酒驾报警器电路设计与制作和光控调光台灯电路设计与制作。

《传感器与检测电路设计项目化教程》由淮安信息职业技术学院冯成龙副教授担任主编，编写了项目 1 和项目 5，罗时书编写了项目 2 和项目 4，徐耀编写了项目 3。无锡厚德自动化仪表有限公司项目部负责人樊道瑞给予了大力支持，淮安信息职业技术学院各级领导对《传感器与检测电路设计项目化教程》的出版给予了极大的支持与帮助，在此深表感谢。

由于编写时间仓促，加之编者水平有限，书中疏漏和不妥之处在所难免，敬请广大读者批评指正。

编　者

二维码资源清单

目　　录

绪　　论

【知识点】

- 检测电路作用。
- 传感器概念。

【技能点】

- 检测电路功能分析。
- 传感器特性测试。

【项目学习内容】

- 掌握检测电路的作用。
- 掌握传感器主要技术指标。

【任务目标】

- 了解检测电路的作用。
- 了解传感器的组成与作用。
- 理解传感器重要的技术指标。
- 了解传感器输出信号的特点。

0.1　检测电路是什么

1. 测控系统

测控系统是测量与控制系统的简称。广义的测控系统包括测量系统、控制系统和测控系统三种类型。测控系统广泛应用于工业、科学实验、农业、国防、地质勘探、交通和医疗健康等各个领域以及人们的日常生活中。测量系统是人类感觉器官的延伸，控制系统则是人类肢体的延伸；所以，测控系统拓展了人们认识和改造自然的能力。

在生产与生活中，人们要从各个方面采用各种方法观察和研究事物的发展过程和规律，不可避免地要采用测量手段研究事物在数量上的信息。被测对象可分为电量和非电量。显然，相对于电量而言，非电量在种类和数量上多而且复杂，在许多领域需要测量的都是非电量，如热学量、机械量、化学量、光学量、声学量和放射性剂量等，这些非电量都可以用非电方法测量。但非电方法测量的优越性远不如电测法，特别是在信息技术和计算机技术飞速发展的今天，电测法更具有突出的优势：

1）极宽的测量范围。采用电子技术，可以很方便地改变仪器的灵敏度和测量范围。

2）电子测量仪器具有极小的惯性。既能测量变化缓慢的量，又可测量变化快速的量。

3）可以很方便地实现遥测。

4）能对信号进行各种运算、处理、显示和记录。

基于这些优势，在现代测控系统中，基本上都采用电测法，图 0-1 所示为测控系统的一般组成框图。

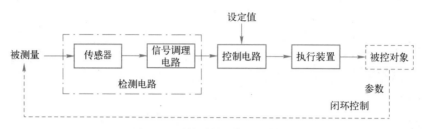

图 0-1　测控系统一般组成框图

传感器是敏感元件，它的功能是探测被测量的变化，将非电量变换成电量，类似于人的感觉器官（如眼、耳朵和皮肤等）。传感器的输出信号一般都很微弱且伴随着各种噪声，需要通过信号调理电路对该信号进行处理、如放大、滤波（剔除噪声、选取有用信号），使其满足控制电路的要求。控制电路根据信号调理电路输出的检测信号和系统的控制要求（设定值），对信号进行运算后发出合适的控制信号，从而控制执行装置动作，实现对被控对象某个参数的控制。这种没有将输出参数反馈到输入端的控制方式称为开环控制，一般用于简单控制系统。如果将输出量（某个参数）反馈到输入端，如图 0-1 中虚线所示，这种控制称为闭环控制，也是真正意义上的自动控制。

本书中，将传感器与信号调理电路称为检测电路，如图 0-1 中的点画线框所示，检测电路输出信号直接反映被测量的大小，是控制的依据，没有检测就无法自动控制；测量结果不精确，就不能进行准确控制，甚至可能会出现错误的控制，由此可见，检测电路在测控系统中具有举足轻重的作用，直接关系到控制的成败。

随着信息技术的广泛应用，以及"德国工业 4.0""中国制造 2025""机器换人"的提出，促进了智能制造技术的快速发展，使得自动控制技术也得到了飞速发展，图 0-2 是目前现代测控系统典型框图。

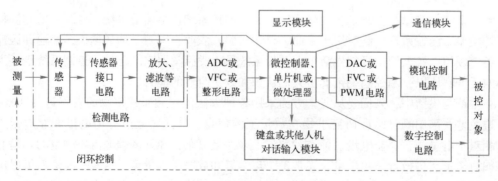

图 0-2　现代测控系统典型框图

　　传感器对被测量（一般为非电量）检测后进行信号调理，处理后的信号经过模/数转换（Analog to Digital Convertor，ADC）或电压–频率变换（Voltage to Frequency Convertor，VFC）或整形电路处理后，得到合适的信号送给微控制器（Micro Controller，μC）、单片机（Single–Chip Computer）或微处理器（Micro Processor，μP）处理。微控制器是测控系统的核心，它既可以处理（输入、输出、运算等）数字信号，也可以处理开关信号。在测控系统中，微处理器等的主要作用是：一方面，接收前级电路的数字信号或频率信号，经过处理后得到被测信号的实际值，将此信号输出显示、存储或通过网络传送给其他设备；同时，可以根据控制要求，送出合适的数字信号再经数/模转换电路（Digital to Analog Convertor，DAC），或送出合适的频率信号再经频率–电压变换电路（Frequency to Voltage Convertor，FVC）或脉冲宽度调制电路（Pulse–Width Modulation，PWM）后得到模拟电压，去控制模拟量控制器件或装置；也可以直接输出开关量去控制开关信号控制装置，从而实现自动控制；另一方面，控制测控系统各部分协调工作，实现智能化处理。

　　在实际应用中，考虑到后续电路处理、信号传输的规范，尤其是模块化的信号调理电路，一般要求输出标准信号，标准信号主要有直流电压（0~5 V）和直流电流（4~20 mA）。

　　2. 检测电路的组成

　　检测电路的组成随被测参数、传感器的类型、控制系统的功能和要求的不同而异，通常情况下可以分为两种类型：模拟式检测电路和数字式检测电路。

　　（1）模拟式检测电路的基本组成

　　图 0-3 是模拟式检测电路的基本组成。传感器包括它的基本转换电路，如电桥。传感器的输出已是电量（电压、电流、频率和相位信号等）。根据被测量值的大小，可按需要进行相应的量程切换。传感器的输出一般较小，常需要放大。图中所示各个组成部分不一定都是必要的。例如，对于输出非调制信号的传感器，就无需用振荡器向它供电，也不用解调器。在采用信号调制的场合，信号调制与解调用同一振荡器输出的信号作为载波信号和参考信号。利用信号分离电路（常为滤波器），将信号与噪声分离，将不同成分的信号分离，取出所需信号。有的被测参数比较复杂，或者为了控制目的，还需要进行运算和信号形式的转换。模/数转换是一种常用的信号转换装置。进行数字显示、数字控制操作都需要模/数转换。在需要较复杂的数字和逻辑运算或较大量的信息存储情况下，需要采用计算机，这时也需要模/数转换装置。图中振荡器、解调器、运算电路、模/数转换电路和计算机画在点画线框内，表示电路中可以选用这些部分。

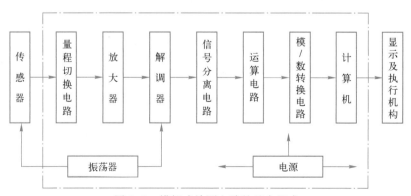

图 0-3　模拟式检测电路的基本组成

　　为了与后续内容衔接，本书所讨论的检测电路只包含模/数转换电路之前的电路。

　　（2）数字式检测电路的基本组成

　　增量码数字式检测电路的基本组成如图 0-4 所示。一般来说增量码传感器输出的周期信号幅值也是比较微小的，需要首先将信号放大。传感器输出信号一个周期所对应的被测量值往往较大，为了提高分辨力，需要进行内插细分。可以对交变信号直接处理进行细分，也可能需要先将它整形成为方波后再进行细分。在有的情况下，增量码一个周期所对应的量不是一个便于读出的量（例如，在激光干涉仪中反射镜移动半个波长，信号变化一个周期），需要对脉冲当量进行变换。过去脉冲当量变换常由脉冲当量变换电路完成，而现在越来越多地由计算机完成。被测量增大或减小，增量码都进行周期变化，需要采用适当的方法辨别被测量变化的方向，辨向电路按辨向结果控制计数器进行加法或减法计数。在有的情况下辨向电路还同时控制细分与脉冲当量变换电路进行加或减运算。采样指令到来时，将计数器所计的数送入锁存器，显示及执行机构显示该状态下被测量值，或按测量值执行相应动作。在需要较复杂的数字和逻辑运算或较大量的信息存储时，采用计算机。

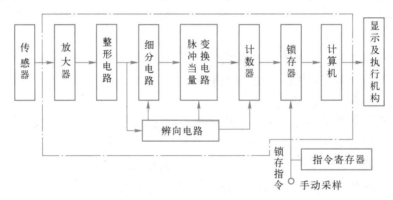

图 0-4　增量码数字式检测电路的基本组成

0.2　传感器及其特性

0.2　传感器及其特性

　　传感器是利用各种物理、化学、生物现象将非电量转换为电量的器件，传感器可以检测自然界几乎所有的非电量，它在社会生活中发挥着不可替代的作用，图 0-5 是部分传感器的实物图，**传感器技术是自动控制技术的核心技术。**

　　当今社会的发展，就是信息技术的发展。早在 20 世纪 80 年代，美国首先认识到世界已进入传感器时代，日本也将传感器技术列为十大技术之首，我国将传感器技术列为"八五"国家科技攻关项目，建成了"传感器技术国家重点实验室""微纳米国家重点实验室""国家传感器工程中心"等研究开发基地。传感器产业已被国内外公认为是具有发展前途的高技术产业。它以其技术含量高、经济效益好、渗透力强和市场前景广等特点为世人所瞩目。

　　传感器检测涉及的范畴很广，常见的检测涉及的内容如表 0-1 所示。

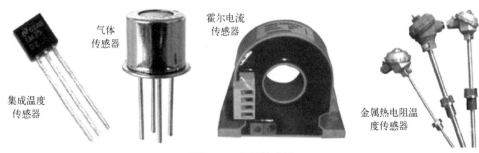

图 0-5　各种传感器

表 0-1　检测涉及的内容

被测量类型	被测量	被测量类型	被测量
机械量	速度、加速度、转速、应力、应变、力矩、振动等	热工量	温度、热量、比热容、压强、物位、液位、界面、真空度等
几何量	长度、厚度、角度、直径、平行度、形状等	物质成分量	气体、液体、固体的化学成分、浓度、湿度等
电参量	电压、电流、功率、电阻、阻抗、频率、相位、波形、频谱等	状态量	运动状态（启动、停止等）、异常状态（过载、超温、变形、堵塞等）

1. 传感器在各领域中的应用

随着现代科学技术的高速发展，人们生活水平迅速提高，传感器技术越来越受到普遍的重视，它的应用已渗透到国民经济的各个领域。

（1）在工业生产过程的测量与控制方面的应用

在工业生产过程中，必须对温度、压力、流量、液位和气体成分等参数进行监测，从而实现对工作状态的监控，诊断生产设备的各种情况，使生产系统处于最佳状态，从而保证产品质量，提高效益。目前传感器与微机、通信技术等的结合渗透，使工业监测自动化，更具有准确和效率高等优点。随着智能制造技术的广泛应用，传感器的作用则更为重要，可以说，如果没有传感器，智能制造只能是一句空话。

（2）在汽车电控系统中的应用

据权威部门统计，截至 2020 年底，全国机动车保有量达 3.72 亿辆，其中汽车达 2.8 亿辆。2020 年，全国新注册登记机动车 3328 万辆，比 2019 年增加 114 万辆，增加了 3.56%，全国有 70 个城市的汽车保有量超过百万辆。在满足人们出行方便的前提下，汽车的安全、舒适、低污染、高燃率越来越受到社会重视，而传感器在汽车中相当于感官和触角，有它才能准确地采集汽车工作状态的信息，提高自动化程度。汽车传感器主要分布在发动机控制系统、底盘控制系统和车身控制系统中，普通汽车上装有几十个传感器，高级车有的使用传感器多达 300 个，而成为新宠的自动驾驶汽车中使用的传感器则会更多，要求也会更高。因此，传感器作为汽车电控系统的关键部件，它将直接影响到汽车技术性能的发挥。

（3）在现代医学领域的应用

社会的飞速发展需要人们快速、准确地获取相关信息，医学传感器作为拾取生命体征信息的五官，它的作用日益显著，并得到广泛应用，例如：彩超和 CT 等图像处理设备，血液等体液的化学检验设备，脉搏和血压等生命体征参数的监护系统，微创手术和胃肠镜等内窥设备等，可以说，传感器在现代医学仪器设备中已无所不在。

（4）在环境监测方面的应用

近年来，环境污染问题日益严重，人们迫切希望拥有一种能对污染物进行连续、快速、在线监测的仪器，传感器满足了人们的需求。目前，已有相当一部分生物传感器应用于环境监测中，如在大气环境监测中，二氧化硫是酸雨、酸雾形成的主要原因，传统的检测方法很复杂，现在将亚细胞类脂类固定在醋酸纤维膜上，和氧电极制成安培型生物传感器，可对酸雨、酸雾样品溶液进行检测，大大简化了检测方法。

（5）在军事方面的应用

传感器技术在军用电子系统的运用促进了武器、作战指挥、控制、监视和通信方面的智能化。传感器在远方战场的监视系统、防空系统、雷达系统和导弹系统等方面，都有广泛的应用，是提高军事战斗力的重要因素。

（6）在家用电器方面的应用

20 世纪 80 年代以来，随着以微电子为中心的技术革命的兴起，家用电器正向自动化、智能化、节能、无污染的方向发展。自动化和智能化的中心就是研制由微机和各种传感器组成的控制系统，如，一台空调采用微机控制并配合传感器技术，可以实现压缩机的启动、停机、风扇摇头、风门调节和换气等，从而对温度、湿度和空气浊度进行控制。随着人们对家用电器方便、舒适、安全、节能的要求的提高，传感器将得到越来越广泛的应用。

（7）在科学研究方面的应用

科学技术的不断发展，孕育了许多新的学科领域，无论是宏观的宇宙，还是微观的粒子世界，许多未知的现象和规律要获取大量人类感官无法获得的信息，没有相应的传感器是不可能的。

（8）在智能建筑领域中的应用

智能建筑是未来建筑的一种必然趋势，它涵盖智能自动化、信息化和生态化等多方面的内容，具有微型集成化、高精度、数字化和智能化特征的智能传感器将在智能建筑中占有重要的地位。

2. 传感器的发展趋势

科学技术的发展使得人们对传感器技术越来越重视，认识到它是影响人们生活水平的重要因素之一。随着世界各国现代化步伐的加快，对检测技术的要求也越来越高，因此对传感器的开发成为目前最热门的研究课题之一。而科学技术，尤其是大规模集成电路技术、微型计算机技术、机电一体化技术、微机械和新材料技术的不断进步，则大大促进了现代检测技术的发展。传感器技术发展趋势可以从三方面来看：一是开发新材料、新工艺和新型传感器；二是实现传感器的多功能、高精度、集成化和智能化；三是通过传感器与其他学科的交叉融合，实现无线网络化。

（1）开发新型传感器

传感器的工作机理是基于各种物理（化学或生物）效应和定律，由此启发人们进一步探索具有新效应的敏感功能材料，并以此研制具有新原理的新型传感器，这是发展高性能、多功能、低成本和小型化传感器的重要途径。

（2）开发新材料

传感器材料是传感器技术的重要基础。随着传感器技术的发展，除了早期使用的材料，如半导体材料、陶瓷材料以外，光导纤维、纳米材料和超导材料等相继问世，人工智能材料更是给人们带来了一个新的天地，它同时具有三个特征：①感知环境条件的变化（传统传感器）的功能；②识别、判断（处理器）功能；③发出指令和自采取行动（执引器）功能。随着研究的不断深入，未来将会有更多、更新的传感器材料被开发出来。

（3）多功能集成化传感器的开发

传感器集成化包含两种含义：一种是同一功能的多个元器件并列，目前发展很快的自扫描光电二极管列阵、CCD 图像传感器就属此类；另一种是多功能一体化，即将传感器与放大、运算以及温度补偿等环节一体化，组装成一个器件，例如把压敏电阻、电桥、电压放大器和温度补偿电路集成在一起的单块压力传感器。多功能是指"一器多能"，即一个传感器可以检测两个或两个以上的参数，如硅压阻式复合传感器，可以同时测量温度和压力等。

（4）智能传感器的开发

智能传感器是将传感器与计算机集成在一块芯片上的装置，它将敏感技术和信息处理技术相结合，除了感知的本能外，还具有认知能力，例如：将多个具有不同特性的气敏元器件集成在一个芯片上，利用图像识别技术处理，可得到不同灵敏度模式，然后将这些模式所获取的数据进行计算，与被测气体的模式进行类比推理或模糊推理，可识别出气体的种类和各自的浓度。

（5）多学科交叉融合的无线传感器网络

多学科交叉融合推动了无线传感器网络的发展。无线传感器网络是由大量无处不在的、由具备无线通信与计算能力的微小传感器节点构成的自组织分布式网络系统，是根据环境自主完成指定任务的"智能"系统，它是涉及微传感器与微机械、通信、自动控制和人工智能等多学科的综合技术，其应用已由军事领域扩展到反恐、防爆、环境监测、医疗保健、家居、商业和工业等众多领域，有着广泛的应用前景。因此 1999 年和 2003 年美国《商业周刊》和《MIT 技术评论》在预测未来技术发展的报告中，分别将其列为 21 世纪最具影响的 21 项技术和改变世界的十大新技术之一。

（6）加工技术微精细化

随着传感器产品质量的提升，加工技术的微精细化在传感器的生产中占有越来越重要的地位。微机械加工技术是近年来随着集成电路工艺发展起来的，它是离子束、电子束、激光束和化学刻蚀等用于微电子加工的技术，目前已越来越多地用于传感器制造工艺，例如：溅射、蒸镀等离子体刻蚀、化学气相淀积（CVD）、外延生长、扩散、腐蚀和光刻等。另外一个发展趋势是越来越多的生产厂家将传感器作为一种工艺品来精雕细琢。无论是每一根导线，还是导线防水接头的出孔，传感器的制作都达到了工艺品水平。如日本久保田公司的柱式传感器，外加了一个黑色的防尘罩，由于柱式传感器的底座一般易进沙尘及其他物质，底座一旦进了沙尘或其他物质后，对传感器来回摇摆产生了影响，外加防尘罩后，显然克服了上述弊端，这个附件的设计不仅充分考虑了用户使用的现场环境要求，而且制作工艺、外观非常考究。

3. 传感器及其基本特性

（1）传感器的定义

GB/T 7665—2005《传感器通用术语》对传感器的定义是："能感受被测量并按照一定的规律转换成可用输出信号的器件或装置，通常由敏感元件和转换元件组成。"传感器是一种检测装置，能感受到被测量的信息，并能将检测到的信息按一定规律变换成为电信号或其他所需形式的信息输出，以满足信息的传输、处理、存储、显示、记录和控制等要求，它是实现自动检测和自动控制的首要环节。传感器的输出信号多为易于处理的电量，如电阻、电感、电压和电流等。

传感器组成框图如图 0-6 所示。敏感元件是在传感器中直接感受被测量的元件，即被测量通过传感器的敏感元件转换成一个与之有确定关系、更易于转换的非电量，这一非电量通过转换元件被转换成电参量。转换电路的作用是将转换元件输出的电参量转换成易于处理的电压、电流或频率量等。应当指出，有些传感器将敏感元件与转换元件合二为一了。

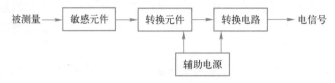

图 0-6　传感器组成框图

（2）传感器分类

根据某种原理设计的传感器可以同时检测多种物理量，而有时一种物理量又可以用几种传感器测量，传感器的分类方法很多，目前尚无一个统一的分类方法，但比较常用的有如下三种。

1）按传感器的物理量分类，可分为位移、力、速度、温度、湿度、流量和气体成分等传感器。

2）按传感器工作原理分类，可分为电阻、电容、电感、电压、霍尔、光电、光栅和热电偶等传感器。

3）按传感器输出信号的性质分类，可分为输出为开关量（"1"和"0"或"开"和"关"）的开关型传感器、输出为模拟量的模拟型传感器和输出为脉冲或代码的数字型传感器。

（3）传感器数学模型

传感器检测被测量，应该按照规律输出有用信号，因此，需要研究其输出-输入之间的关系及特性，理论上用数学模型来表示输出-输入之间的关系和特性。

传感器可以检测静态量和动态量，输入信号的不同，传感器表现出来的关系和特性也不尽相同。在这里，将传感器的数学模型分为动态和静态两种，本书只研究静态数学模型。

静态数学模型是指在静态信号作用下，传感器输出量与输入量之间的一种函数关系，表示为

$$y = a_0 + a_1 x + a_2 x^2 + \cdots + a_n x^n \tag{0-1}$$

式中，x 为输入量；y 为输出量；a_0 为零输入时的输出，也称零位误差；a_1 为传感器的线性灵敏度，用 K 表示；$a_2, \cdots, a_n$ 为非线性项系数。

根据传感器的数学模型一般把传感器分为三种。

1）理想传感器，静态数学模型表现为 $y = a_1 x$。

2）线性传感器，静态数学模型表现为 $y = a_0 + a_1 x$。

3）非线性传感器，静态数学模型表现为 $y = a_0 + a_1 x + a_2 x^2 + \cdots + a_n x^n$（$a_2, \cdots, a_n$ 中至少有一个不为零）。

（4）传感器的特性与技术指标

传感器的静态特性是指对静态的输入信号，传感器的输出量与输入量之间的关系。因为输入量和输出量都和时间无关，它们之间的关系，即传感器的静态特性可用一个不含时间变量的代数方程，或以输入量作为横坐标，把与其对应的输出量作为纵坐标而画出的特性曲线来描述。表征传感器静态特性的主要参数有灵敏度、线性度、分辨力、重复性和迟滞性等，传感器的参数指标决定了传感器的性能以及选用传感器的原则。

1）灵敏度。灵敏度是指传感器在稳态工作情况下，当输入量变化 Δx 时，会产生输出量变化 Δy，则灵敏度定义为 Δy 与 Δx 的比值，即

$$K = \frac{\Delta y}{\Delta x} \tag{0-2}$$

如果传感器的输出和输入之间呈线性关系，如图 0-7a 所示，则灵敏度 K 是一个常数，即特性曲线的斜率。而对于非性传感器，如图 0-7b 所示，曲线上各点的灵敏度是不同的，则可以根据定义运用微分方法求得。

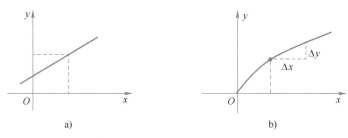

图 0-7　传感器灵敏度曲线
a）线性传感器　b）非线性传感器

灵敏度的单位是输出量、输入量的单位之比，例如，某位移传感器，在位移变化 1 mm 时，输出电压变化为 200 mV，则其灵敏度应表示为 200 mV/mm。当传感器的输出量、输入量的单位相同时，灵敏度可理解为放大倍数。提高灵敏度，可得到较高的测量精度。但灵敏度越高，测量范围越窄，稳定性往往也越差。

【例 0-1】热电阻温度传感器的静态特性表达式为 $R_t = 100 + 0.396847t - 0.5847 \times 10 - 4t^2\ (\Omega)$，求温度为 100℃时的灵敏度 K。

解：由题意可知，该传感器为非线性传感器，则

$$K = \frac{\mathrm{d}R_t}{\mathrm{d}t} = \frac{\mathrm{d}(100 + 0.396847t - 0.5847 \times 10^{-4}t^2)}{\mathrm{d}t}$$
$$= 0.396847 - 1.1694 \times 10^{-4}t$$

当 $t = 100$℃时，$K = 0.396847 - 1.1694 \times 10^{-4} \times 100 = 0.385153\ (\Omega/℃)$

2）线性度。通常情况下，传感器的实际静态特性输出是条曲线而非直线，在实际工作中，为使仪表具有均匀刻度的读数，常用一条拟合直线近似地代表实际的特性曲线，线性度（也称非线性误差）就是这个近似程度的一个性能指标。拟合直线的选取有多种方法，如将零输入和满量程输出点相连的理论直线作为拟合直线；或将与特性曲线上各点偏差的平方和为最小的理论直线作为拟合直线，此拟合直线称为最小二乘法拟合直线。则线性度定义为传感器实际特性曲线与拟合直线（也称理论直线）之间的最大偏差与传感器满量程输出值的

百分比，如图 0-8 所示。通常用相对误差 γ_L 表示为

$$\gamma_L = \pm \frac{\Delta L_{max}}{y_{FS}} \times 100\% \qquad (0-3)$$

式中，ΔL_{max} 是实际曲线和拟合直线之间的最大差值；$y_{FS} = y_{max} - y_{min}$ 为输出范围。

3）分辨力。分辨力是指传感器能检测到的被测量的最小变化的能力。理论上，只要被测量有变化，传感器的输出一定也会变化，而事实并非如此。通过实验可以发现，当输入量从某一非零值缓慢地变化时，如果输入变化值未超过某一数值时，传感器的输出不会发生变化，即传感器对该变化是分辨不出来的，只有当输入量的变化达到该数值时，其输出才会发生变化，这一数值就称为传感器的分辨力（有的资料称为分辨率，笔者认为称为分辨力更合适），如图 0-9 所示。

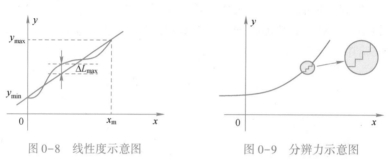

图 0-8　线性度示意图　　　　　　　图 0-9　分辨力示意图

通常传感器在满量程范围内各点的分辨力并不相同，因此常用满量程中能使输出量产生阶跃变化时输入量中的最大变化值定义为该传感器的分辨力。

4）重复性。重复性是指传感器在输入量按同一方向进行全量程多次测量时，所得特性曲线不一致的程度，一般用重复性误差来描述，图 0-10 中，正向行程最大偏差为 ΔR_{max1}，反向行程最大偏差为 ΔR_{max2}，$\Delta R_{max1} < \Delta R_{max2}$，取两个偏差中的最大值，即 $\Delta R_{max} = \Delta R_{max2}$，则重复性误差可以表示为

$$\gamma_L = \pm \frac{\Delta R_{max}}{y_{max}} \times 100\% \qquad (0-4)$$

5）迟滞性。传感器在正向行程（输入量由小变大）和反向行程（输入量由大变小）期间，特性曲线不一致的程度。闭合路径称为滞环。迟滞性示意图如图 0-11 所示，正反向行程的最大差值为 ΔH_{max}，则迟滞性可表示为

$$\gamma_H = \pm \frac{1}{2} \frac{\Delta H_{max}}{y_{max}} \times 100\% \qquad (0-5)$$

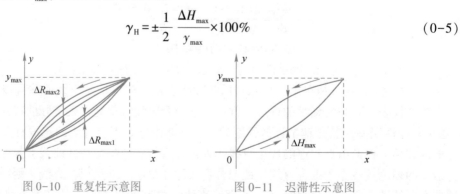

图 0-10　重复性示意图　　　　　　图 0-11　迟滞性示意图

6）稳定性与漂移。传感器的稳定性有长期和短期之分。一般指一段时间以后，传感器的输出和初始标定时的输出之间的差值，通常用不稳定度来表征其输出的稳定程度。

传感器的漂移是指在外界干扰下，输出量出现与输入量无关的变化。漂移有很多种，如时间漂移和温度漂移等。时间漂移指在规定的条件下，零点或灵敏度随时间发生变化；温度漂移指环境温度变化而引起的零点或灵敏度的变化。

（5）传感器输出信号的特点

由于传感器种类繁多，其输出信号也各不相同，了解传感器输出信号的特点对于检测电路设计尤其重要，传感器输出信号的特点主要表现如下。

1）传感器输出信号的形式多样化，有电阻、电感、电荷和电压等。

2）传感器输出信号微弱，不易于检测，且会引入噪声。

3）传感器的输出阻抗较高，会产生较大的信号衰减。

4）传感器输出信号动态范围宽，输出信号会受到环境因素的影响，进而影响到测量的精度。

 习题 0

1. 测控系统分为哪几种类型？
2. 画出模拟检测电路方框图。
3. 什么是传感器？由哪几部分组成？
4. 生产、生活中所用（或见）过的传感器有哪些？
5. 传感器的技术指标有哪些？

项目 1 热电阻测温仪检测电路设计与制作

【项目要求】

- 测温范围：0~100℃。
- 输出电压：0~5 V。
- 电源电压：AC 220 V。

【知识点】

- 测温仪检测电路组成。
- 金属热电阻温度传感器 Pt100 参数及接口电路设计与测试。
- 通用集成运算放大器（运放）LM358 构成的线性放大电路设计。
- 测温仪检测电路制作。
- 测温仪检测电路调试流程。
- 测温仪性能参数测试与分析方法。

【技能点】

- 热电阻 Pt100 接口电路设计与仿真。
- 设计基本放大电路。
- 仿真或实物制作、调试测温仪检测电路。

【项目学习内容】

- 金属热电阻温度传感器 Pt100 的特性及接口电路设计与测试（或仿真测试）。
- 集成运放构成的基本放大电路设计与测试。
- 会设计热电阻温度传感器的检测电路。
- 会制作与调试检测电路。
- 会测量检测电路的技术指标。

项 目 分 析

项目 1 项目分析

【任务目标】

- 掌握项目组成框图。

● 理解系统各部分的作用。

【任务学习】

1. 测温仪组成框图

测温仪是测量温度的仪器,通过温度传感器将温度变换成电信号,再由信号调理电路将该电信号变换成与温度成正比的电压信号,送后续显示或处理电路,图 1-1 所示为以 MCU (微控制器) 或微处理器为核心的温度测量仪的组成框图。

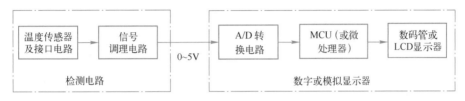

图 1-1　温度测量仪组成框图

温度传感器是将温度(或温度变化)变换成电参量的传感器,通过信号调理电路处理后输出 0~5 V(与 0~100℃相对应)的标准直流电压,送数字或模拟显示仪表进行显示或后续处理。

2. 测温仪检测电路

热电阻测温仪检测电路是将不同温度变换成与之成正比的电压,由图 1-1 可知,测温仪检测电路主要由温度传感器及其接口电路和信号调理电路两部分组成。测温传感器不同,信号调理电路一般也不同,若采用金属热电阻 Pt100 作为测温传感器,检测电路一般由电源电路、恒压源电路、传感器及接口电路和放大及调零电路组成,热电阻测温仪组成框图如图 1-2 所示。

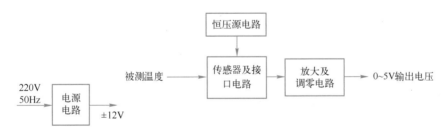

图 1-2　热电阻测温仪组成框图

电源电路将 220 V、50 Hz 的交流电源(AC)变换成±12 V 和±5 V 等直流电源(DC),为测温仪各部分电路提供稳定的直流电源;恒压源电路是为测温电桥电路提供稳定的直流电源,以提高测温精度,一般通过专用电源芯片实现。传感器及接口电路将温度变化转换成电压变化,本项目采用 Pt100 实现温度检测,通过电桥电路实现温度到电压的变换;放大及调零电路将传感器及接口电路输出的较小的电压调理成项目要求的、与温度成正比关系的直流电压(100℃时为 5 V),由于系统为直流电压放大,所以还要消除集成运算放大器本身引起的零点漂移,以提高测量精度。

根据项目要求,本项目测温范围是 0~100℃,输出电压是 0~5 V,在实际应用中,不同场合其测温范围要求是不同的,如室外环境的温度是-50~50℃;输出电压也是根据显示仪表或模/数转换器的转换电压范围选择的,如通用的 A/D 转换器输入电压范围是 0~5 V,但低功耗设备的输入电压范围是 0~3.3 V 等。在实际应用中,可以根据应用场合和显示仪表(含 A/D 转换器)的输入电压范围选择测温范围和输出电压范围。读者可以试举一些生活中或知道的温度范围的示例。

根据测温范围和输出电压范围,由输出电压即可知道被测温度数值。本项目测温范围是 0~100℃,输出电压是 0~5 V,则要求 0℃时输出电压为 0 V,100℃时输出电压为 5 V,当被测温度变化 1℃时,其输出电压变化为 5 V/100=50 mV,即其温度系数为 50 mV/℃,根据输出电压的数值,即可知道被测温度是多少。若输出电压为 2 V,则被测温度为 2 V/(50 mV/℃)=40℃。

【巩固与训练】

1)图 1-2 是采用金属热电阻为测温传感器得出的方框图,如果选用其他的温度传感器,请通过查阅资料,画出其方框图。

2)本项目被测温度是 100℃,输出电压是 0~5 V,请查阅资料,找出部分温度范围应用实例,输出电压选 0~5 V 或 0~3.3 V,计算其温度系数,并填入表 1-1。

表 1-1 不同应用场合测温范围

测温场合	测温范围	输出电压范围	温度系数

任 务 实 施

任务 1.1 温度传感器及接口电路设计与测试

【任务目标】

任务 1.1 温度
传感器及接口
电路设计与测试

- 会根据项目要求选用温度传感器。
- 掌握热电阻温度传感器 Pt100 的温度特性。
- 掌握热电阻温度传感器 Pt100 的接口电路(电桥电路)设计方法。
- 会设计热电阻温度传感器 Pt100 的接口电路。
- 会调试热电阻温度传感器 Pt100 的接口电路。

【任务学习】

1.1.1　温度传感器的选用

1. 常用温度传感器的比较

目前，常用的温度传感器有金属热电阻、热敏电阻、热电偶和集成温度传感器等。

（1）金属热电阻温度传感器

金属热电阻温度传感器一般由金属材料制成，目前使用最多的是铂、铜和镍等，金属热电阻的电阻值随温度变化而变化；当温度升高时金属热电阻的电阻值增大，温度降低时电阻值减小。金属热电阻常用分度号为 Pt100 和 Cu50 等。热电阻具有测温范围宽（-250～750℃）、线性好、电阻温度系数大、电阻率高和响应速度快等，相对于其他传感器来说，其价格高、灵敏度低。

（2）热敏电阻温度传感器

热敏电阻温度传感器是另一种类型的电阻式传感器，根据其温度特性分为正温度系数热敏电阻（PTC）、负温度系数热敏电阻（NTC）和临界突变型热敏电阻（CTR）三种类型，用于测温的主要是 NTC 热敏电阻，其优点如下。

1）灵敏度较高，其电阻温度系数要比金属大 10～100 倍以上。

2）工作温度范围宽，常温器件适用于-55～315℃，高温器件适用温度高于 315℃（目前最高可达到 2000℃），低温器件适用于-273～-55℃。

3）体积小，能够测量其他温度计无法测量的空隙、腔体及生物体内血管的温度。

4）使用方便，电阻值可在 0.1～100 kΩ 间任意选择。

5）易加工成复杂的形状，可大批量生产。

6）稳定性好、过载能力强。

7）价格便宜。

缺点：线性度差，所以在应用时，要进行线性化处理。

（3）热电偶温度传感器

热电偶温度传感器是一种热电型温度传感器，由两种不同材料的导体两端接合构成回路，当两个接合点（分别称为热端和冷端）的温度不同时，在回路中就会产生电动势，其输出电动势与被测温度呈线性关系（在冷端温度为 0℃ 时），在不要求对输出电压进行存储和通信时，可以通过电气仪表（二次仪表）直接显示成温度。

相对于其他温度传感器来说，热电偶测温时最大的特点是要进行冷端补偿，其补偿的方法通常有恒温法、补偿导线法、硬件补偿法和软件补偿法。

按 IEC（国际电工委员会）标准，热电偶有 S、B、E、K、R、J、T 七种标准化，是企业生产标准化热电偶的依据。其特点如下。

1）装配简单，更换方便。

2）测量精度高。

3）测量范围大（一般为-200～1300℃，特殊情况下在-270～2800℃内）。

4）热响应时间快。

5）机械强度高，耐压性能好。

6）耐高温可达2800℃。

7）使用寿命长。

（4）集成温度传感器

集成温度传感器是利用晶体管PN结的电流和电压特性与温度的关系，把感温元件（PN结）与相关的电子电路集成在很小的硅片上封装而成的。其测温范围为-55～150℃，高的可达200℃。模拟式集成温度传感器按输出信号不同可分为电压型、电流型和频率型等，数字式集成温度传感器是将微控制器（MCU）、模/数转换器（ADC）集成到芯片上，从而直接输出与温度对应的数字信号，并可以通过设置阈值实现超限报警。集成温度传感器具有体积小、线性好、灵敏度高、价格低和抗干扰能力强等特点，应用广泛。

综上所述，表1-2给出了常用的四种温度传感器的特性对比。

表1-2　常用的四种温度传感器的特性对比

标　　准	金属热电阻温度传感器	热敏电阻温度传感器	热电偶温度传感器	集成温度传感器
测温范围/℃	-250～750	-100～500	-267～2316	-55～200
精度	最高	取决于校准	高	高
线性度	好	差	好	最好
灵敏度	低	最高	最低	高
电路结构	复杂	取决于精度要求	复杂	简单
价格	高	低	高	低

2. 温度传感器的选用方法

温度是工农业生产的一个非常重要的参数，温度传感器在温度测量中具有举足轻重的作用，在选用传感器时应用考虑以下几个方面的问题。

1）测温方式，接触式测量和非接触式测量。

2）测温范围，低温还是高温，范围是多少。

3）测温精度，精确到1℃还是0.1℃。

4）测温元件的大小尺寸。

5）被测对象温度随时间变化场合，测温元件滞后能否适应测温要求。

6）被测对象环境条件对测温元件是否有损害。

7）价格。

8）使用是否方便。

3. 本项目所选用的温度传感器

本项目测温范围是0～100℃，理论上前述四种传感器都可选用，在让读者了解传感器基本特性的基础上，掌握信号调理电路的设计，所以本项目选用金属热电阻温度传感器Pt100作为测温传感器。

（1）温度传感器的特性

图1-3为Pt100实物图，表1-3为Pt100在-20～150℃的分度表。由分度表可知，金属热电阻的基本特性是温度升高，其电阻值

图1-3　Pt100实物图

变大。0℃时的电阻为 $100\,\Omega$，其灵敏度约为 $0.39\,\Omega/℃$。

表 1-3　Pt100 分度表（-20~150℃）

温度/℃	0	1	2	3	4	5	6	7	8	9
	电阻值/Ω									
-20	92.16	—	—	—	—	—	—	—	—	—
-10	96.09	95.69	95.30	94.91	94.52	94.12	93.73	93.34	92.95	92.55
0	100.00	99.61	99.22	98.83	98.44	98.04	97.65	97.26	96.87	96.48
0	100.00	100.39	100.78	101.17	101.56	101.95	102.34	102.73	103.12	103.51
10	103.90	104.29	104.68	105.07	105.46	105.85	106.24	106.63	107.02	107.40
20	107.79	108.18	108.57	108.96	109.35	109.73	110.12	110.51	110.90	111.29
30	111.67	112.06	112.45	112.83	113.22	113.61	114.00	114.38	114.77	115.15
40	115.54	115.93	116.31	116.70	117.08	117.47	117.86	118.24	118.63	119.01
50	119.40	119.78	120.17	120.55	120.94	121.32	121.71	122.09	122.47	122.86
60	123.24	123.63	124.01	124.39	124.78	125.16	125.54	125.93	126.31	126.69
70	127.08	127.46	127.84	128.22	128.61	128.99	129.37	129.75	130.13	130.52
80	130.90	131.28	131.66	132.04	132.42	132.80	133.18	133.57	133.95	134.33
90	134.71	135.09	135.47	135.85	136.23	136.61	136.99	137.37	137.75	138.13
100	138.51	138.88	139.26	139.64	140.02	140.40	140.78	141.16	141.54	141.91
110	142.29	142.67	143.05	143.43	143.80	144.18	144.56	144.94	145.31	145.69
120	146.07	146.44	146.82	147.20	147.57	147.95	148.33	148.70	149.08	149.46
130	149.83	150.21	150.58	150.96	151.33	151.71	152.08	152.46	152.83	153.21
140	153.58	153.96	154.33	154.71	155.08	155.46	155.83	156.20	156.58	156.95
150	157.33	—	—	—	—	—	—	—	—	—

（2）温度传感器的特性测试

金属热电阻的温度特性可以通过软件仿真测试和实物测试来学习。软件仿真测试通常采用计算机仿真软件测试，目前常用的仿真软件有 Proteus 和 Multisim；实物测试则利用恒温箱、万用表等仪器设备直接测量 Pt100 在不同温度下的电阻值。图 1-4 为采用 Proteus 软件的

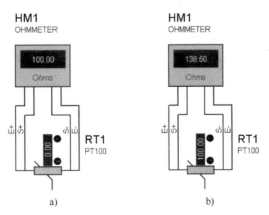

图 1-4　欧姆表仿真测量 Pt100 的温度特性截图

a）0℃时的电阻值　b）100℃时的电阻值

欧姆表（仪器查找路径：Category-Transducers-OHMMETER）测量 Pt100 的温度特性截图，图 1-4a 是热电阻在 0℃的电阻值为 100 Ω，图 1-4b 是热电阻在 100℃的电阻值为 138.5 Ω，与分度表中的数据一致。

1.1.2　金属热电阻温度传感器 Pt100 接口电路设计

金属热电阻 Pt100 的基本特性是随温度升高电阻值变大，而本项目要求输出信号为电压，所以要将温度变化时电阻值的变化转换成电压变化输出。

1. Pt100 接口电路结构选择

热电阻的基本接口电路一般采用电桥电路实现，图 1-5a 所示为热电阻温度传感器接口电路，电路由电阻 R_1、R_2、R_3 和热电阻 R_t 构成测温电桥，可知 A、B 点的电位分别为

$$V_A = \frac{R_t}{R_1 + R_t} V_{CC}$$

$$V_B = \frac{R_3}{R_2 + R_3} V_{CC}$$

接口电路输出 U_o 的表达式为

$$U_O = V_A - V_B - \left(\frac{R_t}{R_1 + R_t} - \frac{R_3}{R_2 + R_3} \right) V_{CC}$$

为了使电路在 0℃时电桥平衡，即输出电压 U_o 为 0 V，此时 $\dfrac{R_1}{R_t} = \dfrac{R_2}{R_3}$，工程上，一般取 $R_1 = R_2$，$R_3 = R_0$（R_t 在 0℃时的阻值），这样在 0℃时电桥处于平衡状态，即 $V_A = V_B$，电桥输出电压为 0 V；当温度大于 0℃并逐渐升高时，R_t 电阻值增大，A 点电位升高，B 点电位不变，即 $V_A > V_B$，电桥输出电压 $U_o = V_A - V_B > 0$ V，且温度越高，输出电压 U_o 也越大，U_o 与温度成正比关系；反之，当温度低于 0℃并降低时，R_t 阻值减小，电桥输出电压 U_o 为负值。这样利用电桥电路实现了将温度信号变换成电压信号。

在实用中，由于电路参数不可能完全一致，就会导致 0℃时电桥输出电压不为 0 V，解决的办法是在电路里增加调零电位器，如图 1-5b 所示，如果 0℃时电桥输出电压不为 0 V，通过调节 RP_1 改变 B 点电位，使电桥输出电压 U_o 为 0 V。

本项目热电阻测温选用图 1-5b 实现温度测量，接下来讨论参数选择。

2. 热电阻 Pt100 接口电路参数选择

由于热电阻温度传感器属于耗能元件，在利用 Pt100 测温时，要避免因热电阻自热效应而影响测量精度，实际应用中，流过热电阻的电流不能超过 5 mA（经验数据），工程上一般为 0.5 mA 左右。若热电阻及接口电路的电源电压为 5 V，由此可得

$$R_1 + R_t = \frac{5\ V}{0.5\ mA} = 10\ k\Omega$$

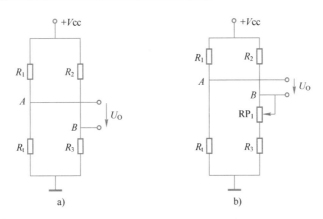

图 1-5　热电阻接口电路

a) 热电阻传感器接口电路　b) 带调零功能的接口电路

由 0℃ 时 R_t 的电阻值为 100 Ω，远远小于 10 kΩ，则 R_1 取 10 kΩ。

为了实现 0℃ 时电桥输出电压为 0 V，则 R_2 取 10 kΩ，$R_3 + RP_1 = 100$ Ω，R_3 取 91 Ω（总阻值的 90%），可调电阻 RP_1 取 50 Ω（总阻值的 20%）。

本项目的测温范围是 0～100℃，若电源电压选 5 V，则热电阻及接口电路输出电压范围是多少呢？

当被测温度为 0℃ 时，输出电压为

$$U_O = V_A - V_B$$
$$= \left(\frac{R_t}{R_2 + R_t} - \frac{R_3 + RP_1}{R_2 + R_3 + RP_1} \right) \times 5\ V$$
$$= \left(\frac{100}{10000 + 100} - \frac{100}{10000 + 100} \right) \times 5\ V$$
$$= 0\ V$$

当被测温度为 100℃ 时，由表 1-3 可知，此时热电阻的阻值为 138.51 Ω，则电桥输出电压为

$$U_O = V_A - V_B$$
$$= \left(\frac{R_t}{R_2 + R_t} - \frac{R_3 + RP_1}{R_2 + R_3 + RP_1} \right) \times 5\ V$$
$$= \left(\frac{138.51}{10000 + 138.51} - \frac{100}{10000 + 100} \right) \times 5\ V$$
$$\approx 18.8\ mV$$

即温度为 0～100℃ 时，传感器及接口电路输出电压范围是 0～18.8 mV。

【巩固与训练】

1.1.3 金属热电阻温度传感器 Pt100 接口电路仿真与测试

1. Proteus 电路设计

从 Proteus 元件库取出相关元器件:

- 普通电阻为 RES。
- 可调电阻为 POT-HG。
- Pt100 为 RTD-PT100。

根据图 1-5b 绘制 Proteus 仿真电路,如图 1-6 所示。

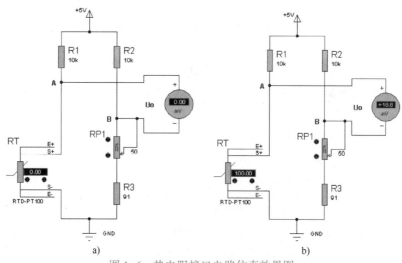

图 1-6 热电阻接口电路仿真效果图

a) 0℃时仿真效果 b) 100℃时仿真效果

2. Pt100 接口电路调试与测试

(1) 电路调试

电路绘制完成后,先调零。将热电阻置于 0℃环境(即将热电阻温度调到 0℃),调节 RP₁,使输出电压 U_0(电压表示值)为 0 V,如图 1-6a 所示。此时,若温度降低,则输出电压 U_0 变为负值;若温度升高,则输出电压 U_0 变为正值。当温度为 100℃时,如图 1-6b 所示,输出电压为 18.8 mV,与理论结果一致。

(2) 电路测试

按照图 1-6 所示仿真电路,测量温度 0~100℃时电路的输出电压,将数据填入表 1-4 中,并绘制电压-温度特性曲线,测量其灵敏度,并分析电桥电路的线性度。

表 1-4 不同温度时的输出电压

温度/℃	0	10	20	30	40	50	60	70	80	90	100
输出电压/mV											

绘制电压–温度曲线：

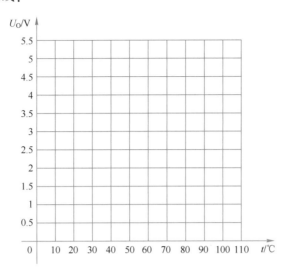

讨论：

1）根据表 1-4 中数据可知，电桥电路的灵敏度为＿＿＿＿＿＿。

2）根据绘制的特性曲线，电路的非线性误差为 ＿＿＿＿＿＿。

【应用与拓展】

1. 当测温范围为 0～500℃ 时，电路输出电压范围是多少？

2. 若测温范围为 –50～100℃，要求 –50℃ 时输出为 0 V，请确定电路参数，计算电路输出电压范围。

任务 1.2　测温仪放大与调零电路设计与测试

【任务目标】

- 掌握放大电路的设计方法。
- 会根据项目要求确定电路的总放大倍数。
- 会设计放大电路。
- 掌握放大电路元器件参数的确定方法。
- 会测试放大电路的性能。

【任务学习】

1.2.1　放大与调零电路设计

放大电路实现对传感器及接口电路输出微弱电压的放大，同样也可以实现滤波和调零等功能，本项目只考虑放大和调零，对于干扰暂不考虑，当然干扰是无处不在的。

通过上一任务的学习可知，当温度为 0~100℃时，传感器及接口电路的输出电压为 0~18.8 mV，如图 1-7 所示，而本项目要求输出电压为 0~5 V，所以放大与调零电路的功能就是将传感器及接口电路输出电压放大成 0~5 V，在设计该电路时，主要考虑两个问题：

1）电路结构选择，即采用几级放大？哪一种放大电路？
2）元器件参数选择。

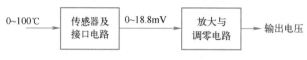

图 1-7　热电阻测温仪简化结构框图

1. 电路结构选择

根据项目要求：测温仪的测温范围是 0~100℃，输出电压范围是 0~5 V，即温度为 0℃时，输出电压是 0 V；温度为 100℃时，输出电压为 5 V。传感器及接口电路在温度为 0~100℃时，输出电压为 0~18.8 mV，即放大与调零电路的输入电压 $U_I = 18.8$ mV 时，放大后的输出电压 $U_O = 5$ V，由此可以计算出电路总的放大倍数为

$$A_u = \frac{U_O}{U_I}$$

$$= \frac{5\,V}{18.8\,mV}$$

$$\approx 266$$

一般情况下，考虑到电路工作的稳定性，单级放大器的放大倍数不宜过大，一般选 100 倍左右，另外，直流放大电路还要消除零点漂移，所以本项目的放大器计划采用两级放大，第一级主要是放大，第二级放大与调零。

每一级的放大倍数如何确定呢？根据多级放大电路的理论可知，电路总的放大倍数等于每一级放大电路放大倍数的乘积，即 $A_u = A_{u1} \times A_{u2}$，理论上可以有无数多种选择，如表 1-5 所示，本项目选择 $A_{u1} = 20$，$A_{u2} = 13.3$。

表 1-5　放大倍数选择表

A_{u1}	A_{u2}	A_u
5	53	266
10	26.6	266
20	13.3	266
50	5.3	266
…	…	266

我们知道，基本电压放大电路有同相放大电路、反相放大电路和差分放大电路等，那么两级放大电路如何选择呢？电路选择时，要考虑前后级（包括输出电压要求）的输出、输入的要求，如果前级电路输出是单端电压信号，则可以选择同相或反相放大电路；如果前级输出是双端电压信号，则必须选择双端输入的差动放大电路。对于本项目来说，由于前级是传感器及接口电路，其输出信号为压差信号，即双端输出电压信号，所以放大电路的第一级

只能选择差动放大电路，如图 1-8 所示。因第一级差动放大电路输出电压为单端输出，所以第二级可以选择单端输入的同相或反相放大电路，具体选择哪一个电路，取决于差动放大电路和电桥电路的连接方式。若按图中虚线进行连接，即 a 连到 c，b 连到 d，则当温度 $t>0$ 时，输出 $U_{O1}>0$，则 $U_{O2}<0$，项目要求输出电压为 0~5 V，所以第二级只能选反相放大电路，如图 1-8 中 U_2 构成的放大电路。反之，若第一级与电桥的连接方式是 a 连到 d，b 连到 c，则第二级只能选择同相放大电路，请读者分析其原理。

本项目按图 1-8 设计电路，即第一级选差分放大电路，放大倍数为 20；第二级选反相放大电路，放大倍数为 13.3。

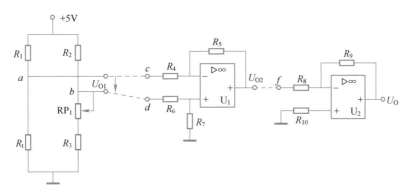

图 1-8 放大电路结构选择示意图

2. 放大电路元器件参数计算与选择

确定电路的基本类型后，接着要根据电路放大倍数计算元器件的参数并选择元器件。由于第二级的功能是放大与调零，并考虑到放大倍数可调，第二级设计成放大倍数可调、同相输入型零点漂移的反相放大电路，两级放大电路原理图如图 1-9 所示。

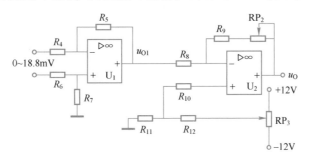

图 1-9 放大与调零电路图

第一级为差动放大电路，根据方案，第一级放大电路的放大倍数为 20，由电阻 R_4、R_5 确定，即

$$A_{u1} = \frac{R_5}{R_4} = 20$$

若 R_4 选 10 kΩ，则 $R_5 = 200$ kΩ，根据电阻标称系列，选 R_4、R_6 选 10 kΩ，则 R_5、R_7 选 200 kΩ。

第二级放大电路的放大倍数为 13.3，由电阻 R_8、R_9 及 RP_2 确定，即

$$A_{u2} = \frac{R_9 + RP_2}{R_8} = 13.3$$

若 R_8 选 $10\,k\Omega$，则 $R_9 + RP_2 = 133\,k\Omega$，根据电阻标称系列，$R_8$、$R_{10}$ 选 $10\,k\Omega$，则 R_9 选 $100\,k\Omega$，RP_2 选 $50\,k\Omega$ 或 $100\,k\Omega$ 的普通电位器或多圈电位器。

由于本项目采用两级放大且放大对象为直流电压信号，会产生零点漂移，所以第二级放大器还应具有零点漂移调节功能，如图 1-9 所示。根据零点漂移调节相关内容，R_{11} 为 R_{12} 的 $100 \sim 1000$ 倍，若 R_{12} 选 $1\,k\Omega$，R_{12} 选 $100\,k\Omega$，RP_3 选 $100\,k\Omega$ 的多圈电位器。

集成运算放大器可选择 OP07（单运放）、LM358（双运放）等通用集成运算放大器，由于本项目用到两个集成运算放大器，为了减少元器件的数量，故选择 LM358。有关 LM358 的相关资料，请读者参考官网数据手册。

【巩固与训练】

1.2.2 电路仿真测试

利用电路仿真软件 Proteus 进行仿真，以判断其性能是否达到要求。

1. Proteus 电路设计

从 Proteus 元件库取出相关元器件：

- 电阻为 RES。
- 可调电阻为 POT-HG。
- 集成运放为 LM358。
- 电池为 CELL（代替电桥输出电压）。

根据图 1-9 绘制 Proteus 仿真电路，其效果图如图 1-10 所示。

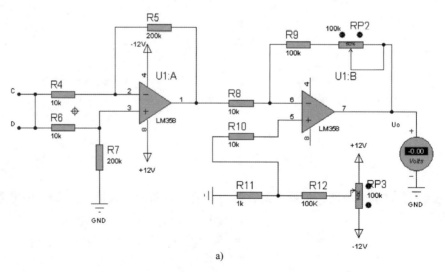

a)

图 1-10 放大与调零电路仿真效果图

a）输入电压为 0（代表 0℃）时的仿真结果

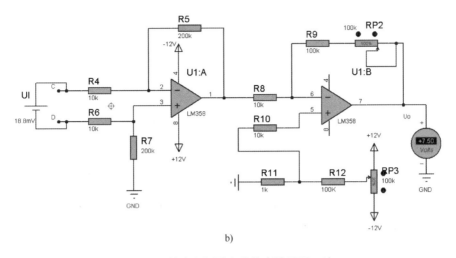

图 1-10　放大与调零电路仿真效果图（续）

b）输入电压为 18.8 mV（代表 100℃）时电路的最大输出电压

2. 电路调试

（1）零点漂移调节

将输入端 C、D 短接，将放大倍数调节电位器 RP_2 调到中间位置（50%位置），调节调零电位器 RP_3，使电路输出电压 U_0 为零，如图 1-10a 所示，拆除 C、D 之间的短接线。

（2）满度调节

在输入端 C、D 之间接入 18.8 mV 电压信号（表示温度为 100℃），将放大倍数调节电位器 RP_2 调到最大，可得输出电压为 7.5 V，如图 1-10b 所示，而项目要求 100℃时输出电压为 5 V，可见电路放大倍数能满足要求。调节 RP_2，使输出电压 U_0 为 5 V。

【应用与拓展】

1. 若测温范围为 0~500℃，结合任务 1.1 中应用与拓展内容的结果，电路最终输出电压范围仍是 0~5 V，请计算电路参数并进行仿真测试。

2. 若测温范围为-50~100℃，要求-50℃输出电压为 0 V，要求输出电压范围为 0~3.3 V，请确定放大电路的参数。

3. 若将图 1-8 中的 c 和 b 相连、a 和 d 相连，电路要实现相同功能，如何修改电路？

任务 1.3　恒压源电路设计与测试

【任务目标】

● 掌握恒压源电路设计方法。
● 掌握恒压源电路元器件参数的确定方法。

- 会设计恒压源电路。
- 会测试恒压源电路的性能。

【任务学习】

由测温仪的组成框图可知，已经完成了两部分单元电路设计，接下来进行电源电路设计。电源电路包含总的电源电路和恒压源两部分，总的电源电路是将220 V交流电压变换成±12 V，请读者参阅模拟电子电路相关内容完成设计。本任务只讨论为传感器及接口电路提供稳定电源的恒压源电路设计与测试。

恒压源电路是将电源电压+12 V变换成稳定的+5V电压，防止电源电压波动而影响测量精度，主要通过专用电源芯片实现。实现恒压的集成稳压芯片很多，如LM7805、LM2575-5、TL431（可调输出），本项目选用TL431。

1.3.1 集成稳压芯片TL431典型电路

1. TL431 特性

TL431是美国德州仪器公司（TI）生产的有良好热稳定性能的三端可调分流基准源，三端分别是阳极（anode）、阴极（cathode）和参考（REF），具有TO-92、SOT-23和DIP等十多种封装形式，图1-11a为TO-92和SOT-23封装形式，图1-11b为其电路符号。

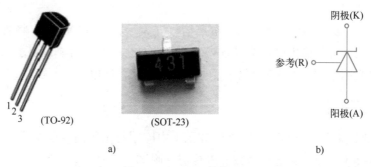

图 1-11　TL431 特性
a）外形封装形式　b）电路符号
1—参考　2—阳极　3—阴极

它的输出电压用两个电阻就可以任意地设置从 U_{REF}（2.5 V）到36 V范围内的任何值，该器件的典型动态阻抗为0.2 Ω，在很多应用中可以用它代替齐纳二极管，例如：数字电压表、运放电路、可调压电源和开关电源等，表1-6为TL431部分参数。

表 1-6　TL431 部分参数

参数 \ 型号	TL431	TL431A	TL431B
最大输入电压/V	37	37	37

（续）

参数＼型号	TL431	TL431A	TL431B
参考电压/V	2.495	2.495	2.495
最小输出电压/V	2.495	2.495	2.495
最大输出电压/V	36	36	36
精度/%	2	1	0.5
工作温度/℃	$-40\sim125$ $-40\sim85$ $0\sim70$	$-40\sim125$ $-40\sim85$ $0\sim70$	$-40\sim125$ $-40\sim85$ $0\sim70$
灌电流 I_{KA}/mA	$1\sim100$	$1\sim100$	$1\sim100$
参考端电流/μA	2	2	2

2. TL431 典型电路

TL431 作为稳压器件应用的典型电路如图 1-12 所示，其输出电压为

$$U_O = \left(1+\frac{R_2}{R_3}\right)U_{REF}$$

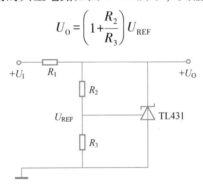

图 1-12 TL431 典型应用电路

可见，输出电压 U_O 取决于电阻 R_2、R_3 的电阻值，改变 R_2、R_3 则可以改变 U_O。

 ### 1.3.2 恒压源电路设计

本项目直流电源产生的是 +12 V 电压，为了根据设计经验，热电阻电路的电源电压一般为 +5 V，即恒压源电路要输出电压为 +5 V，选择合适的 R_2、R_3 即可实现，即

$$U_O = \left(1+\frac{R_2}{R_3}\right)U_{REF} = \left(1+\frac{R_2}{R_3}\right)\times2.495\,\text{V} \approx 5\,\text{V}$$

可得

$$\frac{R_2}{R_3} = \frac{5\,\text{V}}{2.495\,\text{V}} - 1 \approx 1$$

即 $R_2 = R_3$，理论上 R_2 和 R_3 可以取任何电阻值，为了降低电路功耗，一般控制流过 R_2 和 R_3 的电流不超过 1 mA，电路要求 U_O 为 5 V，则两电阻之和不小于 5 kΩ，可取 $R_2 = R_3 = 5.1\,\text{kΩ}$，也可以取 10 kΩ。

实际应用中，由于电阻存在误差，选择两个阻值完全相等的电阻有难度，可以将 R_2 和

R_3 改成一个电位器 RP_1，通过电位器来调节输出电压，本项目实际电路如图 1-13 所示。

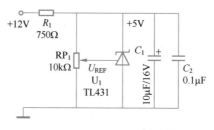

图 1-13 恒压源电路

恒压源电路是为热电阻及其接口电路提供稳定的电源，该电路的工作电流约 1 mA，流过 RP_1 电流约 0.5 mA，TL431 工作电流大于 1 mA，典型值 10 mA，设 $I_{R1}=10$ mA，R_1 两端的压降为 7 V，则

$$R_1 = \frac{7\,\text{V}}{10\,\text{mA}} = 700\,\Omega$$

查阅电阻系列手册，R_1 选 750 Ω。

为了电压稳定，增加滤波电容，C_1 选 10 μF/16 V 电解电容，C_2 选 0.1 μF 瓷片电容。

【巩固与训练】

1.3.3 电路仿真与测试

电路完成后，接下来通过仿真验证其性能是否达到设计要求。电路仿真利用 Proteus 软件实现。

1. Proteus 电路设计

从 Proteus 元件库取出相关元器件：

- 稳压芯片为 TL431。
- 电阻为 RES。
- 可调电阻为 POT-HG。
- 无极性电容为 CAP。
- 电解电容为 CAP-ELEC。

绘制仿真电路，如图 1-14 所示。

2. 电路仿真测试

电路设计完成后，单击仿真按钮，运行仿真电路，调节 RP_1，观察输出电压 U_o 的变化范围，并进行记录，最终使电路输出电压为 5 V（仿真电位器是比例调节，调到最接近 5 V 即可）。

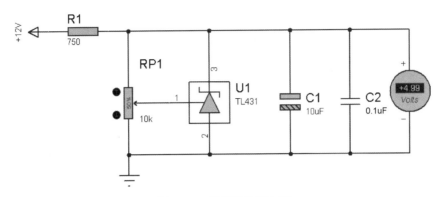

图 1-14　恒压源仿真电路

【应用与拓展】

1. 结合 TL431 基本电路, 若要求输出 2.5V 的直流电压, 如何修改电路? 请画出电路, 并进行仿真测试。

2. 如果输入电源是负电源, 利用 TL431 可以输出稳定的负电源吗? 请画出电路, 并进行仿真测试。

任务 1.4　测温仪检测电路设计与测试

【任务目标】

- 会分析测温仪总体电路。
- 会分析电路工作原理。
- 理解电路工作流程。
- 会测试电路性能。

【任务学习】

1.4.1　测温仪电路设计与分析

根据热电阻测温仪组成框图 (图 1-2) 和前述电路设计, 测温仪检测电路总电路图如图 1-15 所示, 电路由恒压源电路、热电阻及接口电路、放大与调零电路组成。

1. 恒压源电路

恒压源电路以集成稳压芯片 TL431 为核心, 由 R_1、RP_1、C_1、C_2 组成, 将 +12 V 直流电压变换成更稳定的 +5 V 直流电压。

2. 传感器及接口电路

本项目采用金属热电阻 Pt100 作为测温传感器, 通过电桥电路将温度变化转变成电压变化。电路由 R_2、R_3、R_4、RP_2 及 R_t 组成, 其中 R_2、R_3、R_4 为精密电阻, R_t 为金属热电阻 Pt100。

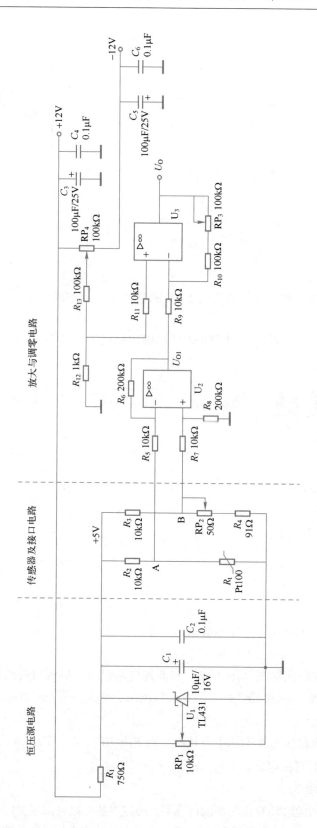

图1-15 测温仪检测电路原理图

根据任务 1.1 的分析可知，通过选择合适的参数，当被测温度为 0℃时，电桥电路输出电压为 0 V；被测温度为 100℃时，输出电压为 18.8 mV。由于电阻存在误差，若 0℃时输出电压不为零，可通过调节 RP_2 来实现调零。

3. 放大与调零电路

经过传感器及接口电路测温后，当温度为 0～100℃时，得到的电压为 0～18.8 mV，而项目要求输出电压为 0～5 V，其总的放大倍数约为 266 倍，另外，因电路为直流信号处理电路，存在零点漂移问题，所以放大电路由两级放大电路组成，第一级将前级电路的双端输出变为单端输出，并实现固定放大倍数放大；第二级实现调零和可调放大倍数放大。

第一级放大电路由集成运放 U_2 和电阻 R_5、R_6、R_7 和 R_8 构成，R_5、R_7 取 10 kΩ，R_6、R_8 取 200 kΩ，其放大倍数 $A_{u1} = \dfrac{R_6}{R_5} = 20$。第二级放大电路由集成运放 U_3 和电阻 $R_9 \sim R_{13}$、RP_3 和 RP_4 构成，R_9、R_{11} 取 10 kΩ，R_{10} 取 100 kΩ，RP_3 取 100 kΩ，其放大倍数 $A_{u2} = \dfrac{R_{10} + RP_3}{R_9}$，其值为 10～20 可调，这样，两级放大电路总的放大倍数为 200～400 倍，满足设计要求。

R_{11}、R_{12}、R_{13} 和 RP_4 组成零点漂移调节电路，电容 C_3、C_4、C_5、C_6 为电源滤波电容。

【巩固与训练】

1.4.2　测温仪检测电路仿真与测试

电路设计完成后，通过软件仿真验证其性能是否达到设计要求，电路仿真利用 Proteus 软件实现。

1. Proteus 电路设计

从 Proteus 元件库取出相关元器件：

- 普通电阻为 RES。
- 可调电阻为 POT-HG。
- 无极性电容为 CAP。
- 电解电容为 CAP-ELEC。
- 集成运放为 LM358。

绘制电路图，仿真电路图如图 1-16 所示。

2. 电路仿真测试

单击仿真按钮，运行仿真电路，先进行电路调试。调试步骤如下。

（1）恒压源调试

调节 RP_1，使输出电压（R_1 右端引脚，+5 V 端子）为 5 V 即可。

（2）零点漂移调节

将第一级放大器两输入端（图 1-15 中 A、B 点）短接，使电路输入电压为零，RP_3 调至中间位置，调节 RP_4，使输出电压 $U_0 = 0$（电压表测量），然后拆除输入端的短接线。

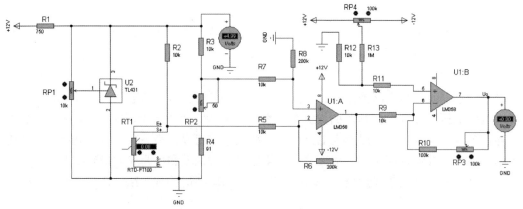

图 1-16 测温仪检测电路仿真电路图

（3）电桥平衡调节（零点调节）

目的：当温度为 0℃时，输出电压为 0 V。

将 Pt100 的温度调节为 0℃，调节 RP_2，使 $U_0 = 0$。

（4）满度调节

目的：当温度为 100℃时，输出电压为 5 V。

将 Pt100 的温度调节为 100℃，调节 RP_3，使 $U_0 = 5$ V。

重复步骤（3）、（4）2~3 次即可。

3．电路测试

电路调试完成后，对检测电路的性能进行测试，当被测温度为 0~100℃时，测量电路的输出电压，并填入表 1-7，分析计算灵敏度和线性度。

表 1-7 测量数据

温度/℃	0	10	20	30	40	50	60	70	80	90	100
电压/V											

绘制电压-温度特性曲线：

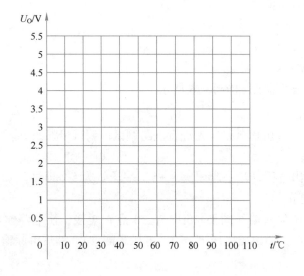

根据表 1-7 中数据计算系统的灵敏度

$$K = \frac{\Delta U_{\mathrm{o}}}{\Delta t} =$$

任务 1.5　热电阻测温仪检测电路装调与测试

任务 1.5　热电阻
测温仪检测电路
装调与测试

【任务目标】

- 掌握电路制作、调试、参数测量方法。
- 会制作、调试和测量电路参数。
- 会正确使用仪器、仪表。
- 会调试整体电路。
- 注意工作现场的 6S 管理要求。

任务 1.5　热电阻
测温仪检测电
路调试（仿真）

【任务学习】

1.5.1　电路板设计与制作

根据现代电子产品的设计流程，硬件电路设计完成后，可以利用电路仿真软件进行电路仿真（任务 1.4 已完成），以判断电路功能是否满足设计要求。当然，也可以利用实物直接进行电路制作。

1. 电路板设计

硬件电路制作可以在万能板上进行排版、布线并直接焊接，也可以通过印制电路板设计软件（如 protel 99SE、Altium Designer 等）设计印制电路板，在实验室条件下可以通过转印、激光或雕刻的方法制作电路板，具体方法请参阅其他资料。

2. 列元器件清单

根据电路原理图，列出元器件清单，如表 1-8 所示，供准备与查验元器件。

表 1-8　元器件清单

序　　号	元器件名称	元器件标号	元器件型号或参数	数　　量
1	电阻	R_1	$750\,\Omega$	1
2		R_2、R_3、R_5、R_7、R_9、R_{11}	$10\,k\Omega$	6
3		R_4	$91\,\Omega$	1
4		R_6、R_8	$200\,k\Omega$	2
5		R_{10}、R_{13}	$100\,k\Omega$	2
6		R_{12}	$1\,k\Omega$	1
7	电位器 （3296）	RP_1	$10\,k\Omega$	1
8		RP_2	$50\,\Omega$	1
9		RP_3、RP_4	$100\,k\Omega$	2

（续）

序　号	元器件名称	元器件标号	元器件型号或参数	数　量
10	电容	C_1	$10\,\mu F/16\,V$	1
11		C_2、C_4、C_6	$0.1uF$	3
12		C_3、C_5	$100\,\mu F/25\,V$	2
13	集成电路	U_1	TL431	1
14	集成运放	U_2	LM358	1
15	8 脚 DIP 底座	U_2	DIP8	1
16	单排针		2.54 mm	10

3. 电路装配

（1）仪器工具准备

- 焊接工具一套。
- 数字万用表一个。

（2）电路装配工艺

1）清点元器件。

根据表 1-8 的元器件清单，准备元器件或清点元器件数量，检测电阻参数、电解电容和瓷片电容等元器件参数是否正确。

2）焊接工艺。

要求焊点光滑，无漏焊、虚焊等；电阻、集成块底座、电位器、电解电容紧贴电路板，瓷片电容、晶体管引脚到电路板留 3~5 mm。

3）焊接顺序。

由低到高。本项目分别是电阻→集成块底座→排针→瓷片电容→晶体管（含 TL431）→电解电容→电位器。

注意：电解电容的正负极、三端集成稳压块 TL431 和集成运放（含底座）的方向等。在电路制作的过程中，要遵守职场的 6S 管理要求。

1.5.2　电路调试

1. 调试工具

- 恒温箱（可选）。
- 双路直流稳压电源。
- 万用表。
- 螺钉旋具。

2. 通电前检查

电路制作完成后，需要进行电路调试，以实现相应性能指标。在通电前，要检查电路是否存在虚焊、桥接等现象，更重要的是要通过万用表检查电源线与地之间是否存在短路现象。

3. 电路调试

在确保电源不短路的情况下，可以通电调试。接通电源后，要通过眼、鼻等感觉器官判断电路是否工作正常，若电路正常，则进行电路功能调试。

（1）恒压源调试

恒压源输入电压为+12 V，调节 RP_1，使输出电压（R_1 右端引脚，+5 V 端子）为 5 V。

（2）零点漂移调节

将第一级放大器两输入端（图中 A、B 点）短接，使电路输入电压为 0 V，RP_3 调至中间位置，调节 RP_4，使输出电压 $U_0 = 0$ V（用万用表测输出电压）。关闭电源，拆除输入端的短接线。

（3）电桥平衡调节（零点调节）

目的：当温度为 0℃时，输出电压为 0 V。

● 将 Pt100 放入恒温箱，调节恒温箱温度为 0℃。

注意：可用 200Ω 可调电阻调到 100Ω 来模拟 0℃时的 Pt100。

● 调节 RP_2，使 $U_0 = 0$ V。

（4）满度调节

目的：当温度为 100℃时，输出电压为 5 V。

● 将 Pt100 放入恒温箱，调节恒温箱温度为 100℃。

注意：可用 200 Ω 可调电阻调到 138.51 Ω 来模拟 100℃时的 Pt100。

● 调节 RP_3，使 $U_0 = 5$ V。

重复步骤（3）、步骤（4）2~3 次即可。

【巩固与训练】

1.5.3　测温仪检测电路性能测试

电路调试完成后，分别测量 Pt100 在不同温度下的输出电压，填入表 1-9，并绘制电压-温度特性曲线，计算灵敏度 K 和线性度，分析其性能指标是否达到设计要求。

表 1-9　测量数据

温度/℃	0	10	20	30	40	50	60	70	80	90	100
电压/V											

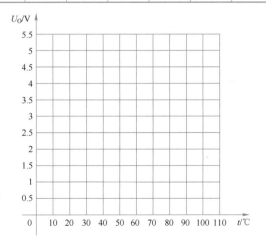

根据表 1-9 中数据计算系统的灵敏度和线性度

$$K = \frac{\Delta U_0}{\Delta t} =$$

【应用与拓展】

若电路测温范围是 -50~100℃，要求 -50℃ 时输出为 0 V，如何调试电路？请写出电路调试过程。

相 关 知 识

1.6 　常见温度传感器

1.6.1　金属热电阻温度传感器特性

1. 热电阻的工作原理

金属热电阻温度传感器大都由纯金属材料制成，用铜、铂或镍丝绕在陶瓷或云母基板上或是采用电镀或溅射的方法将某种金属涂敷在陶瓷类材料基板上形成的薄膜线制成，目前应用最多的金属材料是铂和铜。常见热电阻温度传感器如图 1-17 所示。

图 1-17　常见热电阻温度传感器

热电阻温度传感器的原理是：金属材料的电阻率随温度变化而变化使其电阻值随温度变化而变化，并且当温度升高时阻值增大，温度降低时阻值减小。对于特定的金属材料，其电阻值与温度之间便建立了单值函数关系，只要测得其电阻值便可得出它的温度。

对于温度测量用的热电阻，要求：电阻值与温度变化具有良好的线性关系；电阻温度系数要大，便于精确测量；电阻率高，热容小，响应速度快；在测温范围内具有稳定的物理和化学性能；材料质量要纯，容易加工复制；价格便宜等。

2. 热电阻的温度特性

目前广泛使用的金属热电阻主要有铂和铜两种材料。

（1）铂热电阻

铂热电阻主要用于高精度的温度测量和标准测温装置，其优点是：性能稳定、线性好、测量精度高、测温范围大（一般为 -200~850℃）；缺点是：在还原介质中，特别是在高温下很容易被从氧化物中还原出来的蒸汽所沾污，使铂丝变脆，并改变电阻与温度之间的关系。

经过科研人员理论研究与实验测量，铂热电阻的温度特性可以表示为：

在 -200~0℃ 范围内

$$R_t = R_0 \left[1 + At + Bt^2 + C(t-100)t^3 \right] \tag{1-1}$$

在 0~850℃ 范围内

$$R_t = R_0 \left[1 + At + Bt^2 \right] \tag{1-2}$$

式（1-1）和（1-2）中，R_t、R_0 分别为铂热电阻在 t（℃）和 0℃ 时的电阻值；A、B、C 为常数，$A = 3.96847 \times 10^{-3}/℃$，$B = -5.847 \times 10^{-7}/℃$，$C = -4.22 \times 10^{-12}/℃$。

理论上，R_0 的值可以为任意数值，可以制成种不同阻值的热电阻。但为了规范，在工业控制领域，最常用的铂热电阻的分度号主要有 Pt100 和 Pt1000 两种，其含义为：第一部分 Pt，表示其材料为铂；第二部分 100（或 1000），表示该热电阻在 0℃ 时的电阻值为 100Ω（或 1000Ω）。

热电阻 Pt100 的分度表如表 1-10 所示。

表 1-10　热电阻 Pt100 分度表

温度/℃	0	1	2	3	4	5	6	7	8	9
	电阻值/Ω									
-200	18.52									
-190	22.83	22.40	21.97	21.54	21.11	20.68	20.25	19.82	19.38	18.95
-180	27.10	26.67	26.24	25.82	25.39	24.97	24.54	24.11	23.68	23.25
-170	31.34	30.91	30.49	30.07	29.64	29.22	28.80	28.37	27.95	27.52
-160	35.54	35.12	34.70	34.28	33.86	33.44	33.02	32.60	32.18	31.76
-150	39.72	39.31	38.89	38.47	38.05	37.64	37.22	36.80	36.38	35.96
-140	43.88	43.46	43.05	42.63	42.22	41.80	41.39	40.97	40.56	40.14
-130	48.00	47.59	47.18	46.77	46.36	45.94	45.53	45.12	44.70	44.29
-120	52.11	51.70	51.29	50.88	50.47	50.06	49.65	49.24	48.83	48.42
-110	56.19	55.79	55.38	54.97	54.56	54.15	53.75	53.34	52.93	52.52
-100	60.26	59.85	59.44	59.04	58.63	58.23	57.82	57.41	57.01	56.60
-90	64.30	63.90	63.49	63.09	62.68	62.28	61.88	61.47	61.07	60.66
-80	68.33	67.92	67.52	67.12	66.72	66.31	65.91	65.51	65.11	64.70
-70	72.33	71.93	71.53	71.13	70.73	70.33	69.93	69.53	69.13	68.73
-60	76.33	75.93	75.53	75.13	74.73	74.33	73.93	73.53	73.13	72.73
-50	80.31	79.91	79.51	79.11	78.72	78.32	77.92	77.52	77.12	76.73
-40	84.27	83.87	83.48	83.08	82.69	82.29	81.89	81.50	81.10	80.70
-30	88.22	87.83	87.43	87.04	86.64	86.25	85.85	85.46	85.06	84.67
-20	92.16	91.77	91.37	90.98	90.59	90.19	89.80	89.40	89.01	88.62

（续）

温度/℃	0	1	2	3	4	5	6	7	8	9
	电阻值/Ω									
−10	96.09	95.69	95.30	94.91	94.52	94.12	93.73	93.34	92.95	92.55
0	100.00	99.61	99.22	98.83	98.44	98.04	97.65	97.26	96.87	96.48
0	100.00	100.39	100.78	101.17	101.56	101.95	102.34	102.73	103.12	103.51
10	103.90	104.29	104.68	105.07	105.46	105.85	106.24	106.63	107.02	107.40
20	107.79	108.18	108.57	108.96	109.35	109.73	110.12	110.51	110.90	111.29
30	111.67	112.06	112.45	112.83	113.22	113.61	114.00	114.38	114.77	115.15
40	115.54	115.93	116.31	116.70	117.08	117.47	117.86	118.24	118.63	119.01
50	119.40	119.78	120.17	120.55	120.94	121.32	121.71	122.09	122.47	122.86
60	123.24	123.63	124.01	124.39	124.78	125.16	125.54	125.93	126.31	126.69
70	127.08	127.46	127.84	128.22	128.61	128.99	129.37	129.75	130.13	130.52
80	130.90	131.28	131.66	132.04	132.42	132.80	133.18	133.57	133.95	134.33
90	134.71	135.09	135.47	135.85	136.23	136.61	136.99	137.37	137.75	138.13
100	138.51	138.88	139.26	139.64	140.02	140.40	140.78	141.16	141.54	141.91
110	142.29	142.67	143.05	143.43	143.80	144.18	144.56	144.94	145.31	145.69
120	146.07	146.44	146.82	147.20	147.57	147.95	148.33	148.70	149.08	149.46
130	149.83	150.21	150.58	150.96	151.33	151.71	152.08	152.46	152.83	153.21
140	153.58	153.96	154.33	154.71	155.08	155.46	155.83	156.20	156.58	156.95
150	157.33	157.70	158.07	158.45	158.82	159.19	159.56	159.94	160.31	160.68
160	161.05	161.43	161.80	162.17	162.54	162.91	163.29	163.66	164.03	164.40
170	164.77	165.14	165.51	165.89	166.26	166.63	167.00	167.37	167.74	168.11
180	168.48	168.85	169.22	169.59	169.96	170.33	170.70	171.07	171.43	171.80
190	172.17	172.54	172.91	173.28	173.65	174.02	174.38	174.75	175.12	175.49
200	175.86	176.22	176.59	176.96	177.33	177.69	178.06	178.43	178.79	179.16
210	179.53	179.89	180.26	180.63	180.99	181.36	181.72	182.09	182.46	182.82
220	183.19	183.55	183.92	184.28	184.65	185.01	185.38	185.74	186.11	186.47
230	186.84	187.20	187.56	187.93	188.29	188.66	189.02	189.38	189.75	190.11
240	190.47	190.84	191.20	191.56	191.92	192.29	192.65	193.01	193.37	193.74
250	194.10	194.46	194.82	195.18	195.55	195.91	196.27	196.63	196.99	197.35
260	197.71	198.07	198.43	198.79	199.15	199.51	199.87	200.23	200.59	200.95
270	201.31	201.67	202.03	202.39	202.75	203.11	203.47	203.83	204.19	204.55
280	204.90	205.26	205.62	205.98	206.34	206.70	207.05	207.41	207.77	208.13
290	208.48	208.84	209.20	209.56	209.91	210.27	210.63	210.98	211.34	211.70
300	212.05	212.41	212.76	213.12	213.48	213.83	214.19	214.54	214.90	215.25
310	215.61	215.96	216.32	216.67	217.03	217.38	217.74	218.09	218.44	218.80
320	219.15	219.51	219.86	220.21	220.57	220.92	221.27	221.63	221.98	222.33

（续）

温度/℃	0	1	2	3	4	5	6	7	8	9
	电阻值/Ω									
330	222.68	223.04	223.39	223.74	224.09	224.45	224.80	225.15	225.50	225.85
340	226.21	226.56	226.91	227.26	227.61	227.96	228.31	228.66	229.02	229.37
350	229.72	230.07	230.42	230.77	231.12	231.47	231.82	232.17	232.52	232.87
360	233.21	233.56	233.91	234.26	234.61	234.96	235.31	235.66	236.00	236.35
370	236.70	237.05	237.40	237.74	238.09	238.44	238.79	239.13	239.48	239.83
380	240.18	240.52	240.87	241.22	241.56	241.91	242.26	242.60	242.95	243.29
390	243.64	243.99	244.33	244.68	245.02	245.37	245.71	246.06	246.40	246.75
400	247.09	247.44	247.78	248.13	248.47	248.81	249.16	249.50	245.85	250.19
410	250.53	250.88	251.22	251.56	251.91	252.25	252.59	252.93	253.28	253.62
420	253.96	254.30	254.65	254.99	255.33	255.67	256.01	256.35	256.70	257.04
430	257.38	257.72	258.06	258.40	258.74	259.08	259.42	259.76	260.10	260.44
440	260.78	261.12	261.46	261.80	262.14	262.48	262.82	263.16	263.50	263.84
450	264.18	264.52	264.86	265.20	265.53	265.87	266.21	266.55	266.89	267.22
460	267.56	267.90	268.24	268.57	268.91	269.25	269.59	269.92	270.26	270.60
470	270.93	271.27	271.61	271.94	272.28	272.61	272.95	273.29	273.62	273.96
480	274.29	274.63	274.96	275.30	275.63	275.97	276.30	276.64	276.97	277.31
490	277.64	277.98	278.31	278.64	278.98	279.31	279.64	279.98	280.31	280.64
500	280.98	281.31	281.64	281.98	282.31	282.64	282.97	283.31	283.64	283.97
510	284.30	284.63	284.97	285.30	285.63	285.96	286.29	286.62	286.85	287.29
520	287.62	287.95	288.28	288.61	288.94	289.27	289.60	289.93	290.26	290.59
530	290.92	291.25	291.58	291.91	292.24	292.56	292.89	293.22	293.55	293.88
540	294.21	294.54	294.86	295.19	295.52	295.85	296.18	296.50	296.83	297.16
550	297.49	297.81	298.14	298.47	298.80	299.12	299.45	299.78	300.10	300.43
560	300.75	301.08	301.41	301.73	302.06	302.38	302.71	303.03	303.36	303.69
570	304.01	304.34	304.66	304.98	305.31	305.63	305.96	306.28	306.61	306.93
580	307.25	307.58	307.90	308.23	308.55	308.87	309.20	309.52	309.84	310.16
590	310.49	310.81	311.13	311.45	311.78	312.10	312.42	312.74	313.06	313.39
600	313.71	314.03	314.35	314.67	314.99	315.31	315.64	315.96	316.28	316.60
610	316.92	317.24	317.56	317.88	318.20	318.52	318.84	319.16	319.48	319.80
620	320.12	320.43	320.75	321.07	321.39	321.71	322.03	322.35	322.67	322.98
630	323.30	323.62	323.94	324.26	324.57	324.89	325.21	325.53	325.84	326.16
640	326.48	326.79	327.11	327.43	327.74	328.06	328.38	328.69	329.01	329.32
650	329.64	329.96	330.27	330.59	330.90	331.22	331.53	331.85	332.16	332.48
660	332.79									

（2）铜热电阻

铜热电阻的优点是价格便宜，线性好，工业上在-50~150℃范围内使用较多；缺点是怕潮湿，易被腐蚀，熔点低。

理论研究与实验表明，铜热电阻的温度特性可以表示为

$$R_t = R_0(1+\alpha t) \tag{1-3}$$

式中　R_t、R_0 分别为金属导体在 t（℃）和 0℃时的电阻值；α 为电阻温度系数（1/℃）。

在工业测控中，常用的铜电阻主要有 Cu50 和 Cu100 两种，Cu50 的分度表如表 1-11 所示。

表 1-11　Cu50 分度表

温度/℃	0	1	2	3	4	5	6	7	8	9
	电阻值/Ω									
-50	39.242									
-40	41.4	41.184	40.969	40.753	40.537	40.322	40.106	39.89	39.674	39.458
-30	43.555	43.349	43.124	42.909	42.693	42.478	42.262	42.047	41.831	41.616
-20	45.706	45.491	45.276	45.061	44.846	44.631	44.416	44.2	43.985	43.77
-10	47.854	47.639	47.425	47.21	46.995	46.78	46.566	46.351	46.136	45.921
0	50.000	49.786	49.571	49.356	49.142	48.927	48.713	48.498	48.284	48.069
0	50.000	50.214	50.429	50.643	50.858	51.072	51.286	51.501	51.715	51.929
10	52.144	52.358	52.572	52.786	53	53.215	53.429	53.643	53.857	54.071
20	54.285	54.5	54.714	54.928	55.142	55.356	55.57	55.784	55.998	56.212
30	56.426	56.64	56.854	57.068	57.282	57.496	57.71	57.924	58.137	58.351
40	58.565	58.779	58.993	59.207	59.421	59.635	59.848	60.062	60.276	60.49
50	60.704	60.918	61.132	61.345	61.559	61.773	61.987	62.201	62.415	62.628
60	62.842	63.056	63.27	63.484	63.698	63.911	64.125	64.339	64.553	64.767
70	64.981	65.194	65.408	65.622	65.836	66.05	66.264	66.478	66.692	66.906
80	67.12	67.333	67.547	67.761	67.975	68.189	68.403	68.617	68.831	69.045
90	69.259	69.473	69.687	69.901	70.115	70.329	70.544	70.762	70.972	71.186
100	71.400	71.614	71.828	72.042	72.257	72.471	72.685	72.899	73.114	73.328
110	73.542	73.751	73.971	74.185	74.4	74.614	74.828	75.043	75.258	75.477
120	75.686	75.901	76.115	76.33	76.545	76.759	76.974	77.189	77.404	77.618
130	77.833	78.048	78.263	78.477	78.692	78.907	79.122	79.337	79.552	79.767
140	79.982	80.197	80.412	80.627	80.843	81.058	81.272	81.488	81.704	81.919
150	82.134									

从以上两种热电阻的温度特性及大量的科学实验可以得出，对于绝大多数金属导体，在一定温度范围内，R_t 与 t 可近似为线性关系，其温度特性曲线可由图 1-18 近似表示。**从表 1-10 和表 1-11 中也可以看出，金属热电阻温度传感器的线性较好，但其灵敏度较低。**

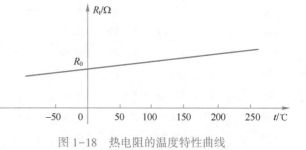

图 1-18　热电阻的温度特性曲线

3. 金属热电阻温度传感器结构

热电阻是中低温区最常用的一种温度传感器，它的主要特点是测量精度高，线性好，性能稳定。其中铂热电阻的测量精确度是最高的，它不仅广泛应用于工业测温，而且被制成标

准的测温装置。

（1）普通热电阻

普通热电阻是在云母、陶瓷和玻璃等耐高温材料制成的骨架上绕上用纯金属铜、铂或镍丝等材料制成的电阻丝或是采用电镀或溅射的方法将某种金属涂敷在陶瓷类材料基板上形成的薄膜线制成，其结构如图 1-19 所示。

这样的热电阻因安全问题、安装不便等因素很难直接用于测温，一般要安装、固定后方可测温，按结构形式一般可以分为四种热电阻。

（2）装配式热电阻

装配式热电阻主要由热电阻、绝缘套管、接线端子、接线盒和保护管等部分组成，如图 1-20 所示，测温时与显示仪表或记录仪表配套。它可以直接测量各种生产过程中 -200~420℃ 范围内的液体、蒸汽和气体介质以及固体的表面温度。

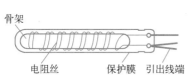

图 1-19　普通热电阻的结构示意图

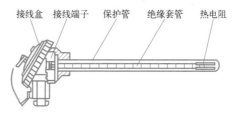

图 1-20　装配式热电阻结构示意图

（3）铠装热电阻

铠装热电阻是由感温元件（电阻体）、引线、绝缘材料、不锈钢套管组合而成的整体，如图 1-21 所示，它的外径一般为 $\phi2 \sim \phi8$ mm。与普通型热电阻相比，它有下列优点：

① 体积小，内部无空气隙，热惯性小，测量滞后小；

② 机械性能好、耐振，抗冲击；

③ 能弯曲，便于安装；

④ 使用寿命长。

（4）端面热电阻

端面热电阻感温元件由特殊处理的电阻丝材绕制，紧贴在温度计端面，它与一般轴向热电阻相比，能更准确和快速地反映被测端面的实际温度，适用于测量轴瓦和其他机件的端面温度，图 1-22 为端面热电阻安装示意图。

图 1-21　铠装热电阻实物图

图 1-22　端面热电阻安装示意图

（5）防爆热电阻

如图 1-24 所示，防爆热电阻和装配式热电阻的结构、原理基本相同，与装配式热电阻不同的是防爆型产品的接线盒（外壳）在设计上采用防爆特殊的结构，接线盒用高强度铝合金压铸而成，并且内部空间大小、壁厚和机械强度、橡胶密封圈的热稳定性均符合国家防爆标准，当接线盒内部的爆炸性混合气体发生爆炸时，其内压不会破坏接线盒，而由此产生的热能不能向外扩散、传爆。防爆型热电阻可用于 B1a~B3c 级区内具有爆炸危险场所的温度测量。

图 1-23　防爆热电阻实物图

4. 金属热电阻温度传感器的命名规则

为了便于工程技术人员选用金属热电阻传感器，下面给出了装配式热电阻的命名规则。

型　号							说　明
W							温度仪表
	Z						热电阻
		P					P 铂
		C					C 铜
			无				单支
			2				双支
				1			无固定装置
				2			固定螺纹
				3			固定法兰
				4			活动法兰
				5			活络管接头式
				6			固定螺纹锥式
				7			直形管接头式
				8			固定螺纹管接头式
				9			活动螺纹管接头式
					0		无
					1		简易式
					2		防喷式
					3		防水式
					4		隔爆式
						0	$\phi16$ mm
						1	$\phi12$ mm
						G	变截面

其中：感温材料（P、C 列），偶丝对数（无、2 列），安装固定形式（1~9 列），接线盒形式（0~4 列），保护管外径（0、1 列），工作端形式（G 列）。

举例：WZP2-231 G。

5. 热电阻温度传感器的接口电路

热电阻温度传感器是将温度变化转换成电阻的变化，而显示仪表一般是电压表，也就是说在应用中必须要将电阻的变化再转换成电压的变化。如何将电阻变化转变成电压变化呢？解决的方法有两种：

一是利用欧姆定律。如果将热电阻温度传感器接在一恒流源上，如图 1-24a 所示，在电流一定的情况下，热电阻两端的电压 U_0 与热电阻的电阻值成正比。

二是采用电阻分压原理。将金属热电阻与精密固定电阻串接在电源上，如图 1-24b 所示，当温度改变时，热电阻 R_t 阻值也将改变，则两个电阻的分压关系也将改变。当温度升高时，热电阻上的电压 U_0 会如何变化呢？

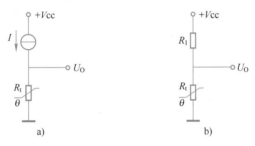

图 1-24　热电阻基本接口电路
a) 恒流源驱动　b) 电阻分压

由热电阻的分度表可知，电阻温度传感器的灵敏度很低，约为 $0.4\,\Omega/℃$；另一方面，$0℃$ 时热电阻的电阻值不是 $0\,\Omega$，图 1-24 的两个电路在 $0℃$ 时输出电压都不是 $0\,V$，如果直接将此电压送到显示仪表将无法正常显示。在构成测量电路时，一般要解决两个问题：调零和放大。调零就是 $0℃$ 时输出电压为 $0\,V$，一般通过电桥实现；放大则是将比较小的电压变成满足显示仪表或后续电路所需要的电压，目前一般通过集成运放构成的放大电路实现。

图 1-25a 所示为热电阻温度传感器的接口电路，电路由电阻 R_1、R_2、R_3 和热电阻 R_t 构成测温电桥，一般情况下，$R_1=R_2$，$R_3=R_0$（R_t 在 $0℃$ 时的阻值），这样在 $0℃$ 时电桥处于平衡状态，即 $V_A=V_B$，电桥输出电压 $U_0=V_A-V_B=0\,V$。当温度高于 $0℃$ 并逐渐升高时，R_t 阻值增大，$V_B>V_A$，电桥输出电压 $U_0=V_A-V_B>0\,V$，且温度越高，输出电压 U_0 也越高，U_0 与温度成正比关系；反之，当温度低于 $0℃$ 并降低时，R_t 阻值减小，电桥输出电压为负，实现了温度信号向电压信号的转换。在实用中，由于电路参数不可能完全一致，就会导致 $0℃$ 电桥输出电压不为 $0\,V$，解决的办法是增加调零电位器，图 1-25b 是其中一种调零电路，如果 $0℃$ 时电桥输出电压不为 $0\,V$，则通过调节 RP 来改变 B 点电位，使电桥输出 U_0 为 $0\,V$。

6. 热电阻传感器与接口电路的连接方法

从热电阻的测温原理可知，被测温度的变化是直接通过热电阻阻值的变化来测量的。在实际应用中，热电阻的引线的长度一般为 $1\sim2\,m$，热电阻在与控制仪表相连接时采用螺钉固定而非焊接，当更换热电阻或环境（主要是温度）改变时，从而引起电桥不平衡，带来测量误差。引起电桥桥臂电阻的变化主要有导线长度的变化，导线接头处接触电阻的变化，重接线引起的电阻变化，还有环境温度的变化以及测量线路中伪寄生电势等。

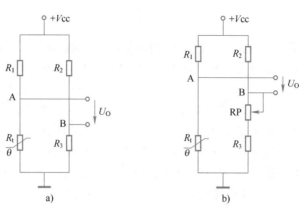

图 1-25 热电阻测温电路

a) 热电阻传感器接口电路 b) 带调零功能的接口电路

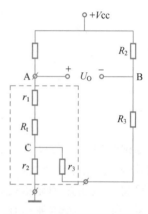

热电阻的引出线方式有三种：即二线制、三线制和四线制。二线制热电阻配线简单，但要带进引线电阻的附加误差。因此不适用制造 A 级精度的热电阻，且在使用时引线及导线都不宜过长。三线制可以消除引线电阻的影响，测量精度高于二线制，作为过程检测元件，其应用最广。四线制不仅可以消除引线电阻的影响，而且在连接导线阻值相同时，还可以消除该电阻的影响，在高精度测量时，要采用四线制。

图 1-26 所示为热电阻三线制的一种接法，其原理如下：

在热电阻 R_t 的一端接上一根连接导线，另一端接上两根连接导线，三根连接导线使用同一规格和长度，且并拢在一起（彼此绝缘）铺设，于是在任何温度下都具有相同的阻值（即 $r_1=r_2=r_3=r$），测量热电阻的电路一般是不平衡电桥，热电阻 R_t 作为电桥的一个桥臂电阻，将一根导线（r_2）接到电桥的地端，其余两根（r_1、r_3）分别接到热电阻所在的桥臂及与其相邻的桥臂上，这样两桥臂都引入了相同阻值的连接线电阻（桥臂 AC 中引入 r_1，桥臂 BC 中引入 r_3），电桥处于平衡状态，连接线电阻的变化对测量结果没有任何影响。

图 1-26 三线制接法原理图

1.6.2 热电偶温度传感器

1. 热电偶工作原理

两种不同材料的导体（或半导体）A 与 B 的两端分别相接形成闭合回路，就构成了热电偶，如图 1-27 所示。当两接点分别放置在不同的温度 T 和 T_0 时，则在回路中就会产生热电势，形成回路电流。这种现象称为赛贝克效应，或称为**热电效应。**产生的热电势由

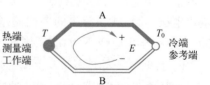

图 1-27 热电偶原理结构示意

两个导体的接触电势和两个导体的温差电势两部分组成，但因在热电偶闭合回路中两个温差电势相互抵消，故热电势就等于两个连接点的接触电势差，即 $E_{AB}(T,T_0)=E_{AB}(T)-E_{AB}(T_0)$。热电势 E 的大小随 T 和 T_0 的变化而变化，三者之间具有确定的函数关系，因而测得热电势

的大小就可以推算出被测温度。热电偶就是基于这一原理来测温的。热电偶通常用于高温测量，置于被测温度介质中的一端（温度为 T）称为热端、测量端或工作端；另一端（温度为 T_0）称为冷端、参考端或自由端，冷端通过导线与温度指示仪表相连。根据热电动势与温度的函数关系，制成热电偶分度表，分度表是自由端温度在 0℃ 时的条件下得到的，不同的热电偶具有不同的分度表。热电偶两根导体（或称热电极）的选材不仅要求热电势要大，以提高灵敏度，又要具有较好的热稳定性和化学稳定性。常用的热电偶有铂铑-铂、铜-铜镍（康铜）和镍铬-镍硅等。

2. 热电偶的三个基本定律

（1）均质导体定律

由同一种均质导体（或半导体）两端焊接组成闭合回路，无论导体截面形状如何以及温度如何分布，将不产生接触电势，且由于闭合回路中为同一均质导体（或半导体），所以温差电势相抵消，回路中总电势为零。可见，热电偶必须由两种不同的均质导体或半导体构成。若热电极材料不均匀，由于温度梯度存在，将会产生附加热电势。

（2）中间温度定律

热电偶回路两接点（温度为 T_1 和 T_0）间的热电势，等于热电偶的热端、冷端温度分别为 T、T_1 时的热电势与温度为 T_1、T_0 时的热电势的代数和。T_1 称为中间温度。

由于热电偶 E-T 之间通常呈非线性关系，当冷端温度不为 0℃ 时，不能利用已知回路的实际热电势 $E(T, T_0)$ 直接查表求取热端温度值；也不能利用已知回路的实际热电势 $E(T, T_0)$ 查表得到温度值后，再加上冷端温度来求得热端被测温度值，必须按中间温度定律进行修正。

（3）中间导体定律

在热电偶回路中接入中间导体（第三导体 C，如图 1-28a 所示），只要中间导体两端温度相同（均为 T_1），中间导体的引入对热电偶回路总电势没有影响。

依据中间导体定律，在热电偶实际测温应用中，常采用将热端焊接、冷端断开后连接导线与温度指示仪表构成测温回路，如图 1-28b 所示。

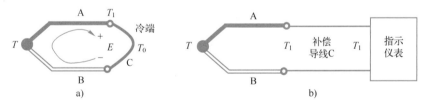

图 1-28 热电偶及其与指示仪表的连接

a）热电偶加入第三根导体 b）热电偶与指示仪表连接

3. 热电偶温度传感器的特性

当热电偶的热端温度为 T、冷端为 T_1 时，构成热电偶的两根导体 A、B 之间的热电势 E 为

$$E = \frac{K(T-T_1)}{e} \ln (N_A - N_B) \tag{1-4}$$

式中，K 为波尔兹曼常数；N_A、N_B 分别为导体 A、B 的电子密度；e 为电荷量。

可见，热电势与热电偶热、冷端之间的温差成正比，与构成热电偶导体的材料有关，而与其粗细、长短无关。同时也可以看出，只有当冷端温度 $t_1 = 0℃$ 才能根据热电势的大小确定热端温度 T，但实际上冷端的温度是随环境温度变化而变化的，因此实际应用中需对冷端进行温度补偿。

镍铬—镍硅热电偶（K 型）分度见表 1-12。

表 1-12　镍铬—镍硅热电偶（K 型）分度表　　　　（冷端温度为 0℃）

温度/℃	0	10	20	30	40	50	60	70	80	90	100
-200	-5.8914	-6.0346	-6.1584	-6.2618	-6.3438	-6.4036	-6.4411	-6.4577			
-100	-3.5536	-3.8523	-4.1382	-4.4106	-4.669	-4.9127	-5.1412	-5.354	-5.5503	-5.7297	-5.8914
0	0	-0.3919	-0.7775	-1.1561	-1.5269	-1.8894	-2.2428	-2.5866	-2.9201	-3.2427	-3.5536
0	0	0.3969	0.7981	1.2033	1.6118	2.0231	2.4365	2.8512	3.2666	3.6819	4.0962
100	4.0962	4.5091	4.9199	5.3284	5.7345	6.1383	6.5402	6.9406	7.34	7.7391	8.1385
200	8.1385	8.5386	8.9399	9.3427	9.7472	10.1534	10.5613	10.9709	11.3821	11.7947	12.2086
300	12.2086	12.6236	13.0396	13.4566	13.8745	14.2931	14.7126	15.1327	15.5536	15.975	16.3971
400	16.3971	16.8198	17.2431	17.6669	18.0911	18.5158	18.9409	19.3663	19.7921	20.2181	20.6443
500	20.6443	21.0706	21.4971	21.9236	22.35	22.7764	23.2027	23.6288	24.0547	24.4802	24.9055
600	24.9055	25.3303	25.7547	26.1786	26.602	27.0249	27.4471	27.8686	28.2895	28.7096	29.129
700	29.129	29.5476	29.9653	30.3822	30.7983	31.2135	31.6277	32.041	32.4534	32.8649	33.2754
800	33.2754	33.6849	34.0934	34.501	34.9075	35.3131	35.7177	36.1212	36.5238	36.9254	37.3259
900	37.3259	37.7255	38.124	38.5215	38.918	39.3135	39.708	40.1015	40.4939	40.8853	41.2756
1000	41.2756	41.6649	42.0531	42.4403	42.8263	43.2112	43.5951	43.9777	44.3593	44.7396	45.1187
1100	45.1187	45.4966	45.8733	46.2487	46.6227	46.9955	47.3668	47.7368	48.1054	48.4726	48.8382
1200	48.8382	49.2024	49.5651	49.9263	50.2858	50.6439	51.0003	51.3552	51.7085	52.0602	52.4103
1300	52.4103	52.7588	53.1058	53.4512	53.7952	54.1377	54.4788	54.8186			

注：表中数据单位为毫伏（mV）。

4. 热电偶的分类

常用热电偶可分为标准型和非标准型两大类。所谓标准热电偶温度传感器是指国家标准规定了其热电势与温度的关系、允许误差、并有统一的标准分度表的热电偶温度传感器，它有与其配套的显示仪表可供选用。非标准化热电偶温度传感器在使用范围或数量级上均不及标准化热电偶温度传感器，一般也没有统一的分度表，主要用于某些特殊场合的测量。我国从 1988 年 1 月 1 日起，热电偶温度传感器和热电阻温度传感器全部按 IEC 国际标准生产，并指定 S、B、E、K、R、J、T 七种标准化热电偶为我国统一设计型热电偶温度传感器。标准热电偶分类见表 1-13。

表 1-13   标准热电偶产品分类

类型/极性	分度号	测温范围/℃
铂铑 30（+）—铂铑（-）	B	600~1700
铂铑 13（+）—铂（-）	R	0~1600
铂铑 10（+）—铂（-）	S	0~1600
镍铬（+）—铜镍（-）	E	-200~900
铁（+）—铜镍（-）	J	-40~750
镍铬（+）—镍硅（-）	K	-200~1200
铜（+）—铜镍（-）	T	-200~350

注：热电偶的实际允许工作温度范围与护套材料、被测介质、偶丝直径等有关，应以生产厂家产品说明为准。

5. 热电偶的结构形式

热电偶的基本结构是热电极，绝缘材料和保护管；并与显示仪表、记录仪表或计算机等配套使用。在现场使用中根据环境，被测介质等多种因素研制成适合各种环境的热电偶，热电偶可以简单分为装配式热电偶、铠装式热电偶和特殊形式热电偶；按使用环境细分有耐高温热电偶，耐磨热电偶，耐腐热电偶，耐高压热电偶，隔爆热电偶，铝液测温用热电偶，循环流化床用热电偶，水泥回转窑炉用热电偶，阳极焙烧炉用热电偶，高温热风炉用热电偶，汽化炉用热电偶，渗碳炉用热电偶，高温盐浴炉用热电偶，铜、铁及钢水用热电偶，抗氧化钨铼热电偶，真空炉用热电偶等。

6. 热电偶温度传感器的优缺点

热电偶温度传感器是工业上最常用的温度检测元件之一，其优点如下。

1）测量精度高。因热电偶温度传感器直接与被测对象接触，不受中间介质的影响。

2）温度测量范围广。常用的热电偶温度传感器在-50~1600℃均可连续测量，某些特殊热电偶最低可测到-269℃（如金-铁镍铬热电偶），最高可达+2800℃（如钨-铼热电偶）。

3）性能可靠，机械强度高。

4）使用寿命长，安装方便。

热电偶的缺点为：灵敏度低。热电偶的灵敏度很低，如 K 型热电偶温度每变化 1℃时电压变化只有大约 40 μV，因此对后续的信号放大调理电路要求较高。

7. 热电偶冷端的温度补偿

（1）补偿方法

实际测温中，冷端温度常随工作环境温度而变化，为了使热电势与被测温度间呈单值函数关系，必须对冷端进行补偿。常用的补偿方法有以下几种。

1）0℃恒温法。把热电偶的冷端放入装满冰水混合物的保温容器（0℃恒温槽）中，使冷端保持 0℃。这种方法常在实验室条件下使用。

2）硬件补偿法。硬件补偿法是热电偶在测温的同时，再利用其他温度传感器（如 PN 结）检测热电偶冷端温度，由差动运算放大器对两者温度对应的电势或电压进行合成，输出被测温度对应的热电势，再换算成被测温度，其原理如图 1-29 所示。

3）软件补偿法。同样利用图 1-29，当热电偶与微处理器构成测温系统时，在热电偶测温的同时，再利用其他温度传感器对热电偶冷端温度进行测量，由软件求得被测温度。

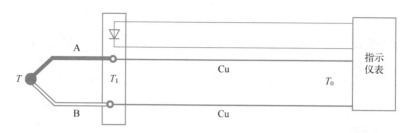

图 1-29　用附加测温电路进行温度补偿

4）补偿导线法。由不同导体材料制成、在一定温度范围内（一般在 100℃ 以下）具有与所匹配的热电偶的热电势的标称值相同的一对带绝缘层的导线称为补偿导线。

为了简化测温电路，对冷端温度的补偿通常采用补偿导线法。必须指出，当热电偶与指示仪表连接的两根导线选用相同材料时，其作用只是用来把热电势传递到控制室的仪表端子上，它本身并不能消除冷端温度变化对测温的影响，故不起补偿作用。因此，在工程实际中这两根导线采用了不同材料的专门导线——补偿导线，使两根补偿导线构成新的热电偶——补偿热电偶，如图 1-30，这样，原热电偶用于测量 $T-T_1$ 对应的热电势 E_1，补偿热电偶用于测量 T_1-T_0 对应的热电势 E_2，这两个热电偶处于同一回路，只要将它们反极性连接（补偿导线的"+"极线与热电偶的"-"电极连接；补偿导线的"-"极线与热电偶的"+"电极连接），就可以得到回路的总电势（加在仪表上的热电势）

$$\Delta E(T,T_0)=E_1(T,T_1)+E_2(T_1,T_0)$$

对应的测量温差

$$\Delta T=(T-T_1)+(T_1-T_0)=T-T_0$$

T_0 再通过仪表内的硬件或软件进行 0℃ 补偿，即可得到所测介质温度 T。

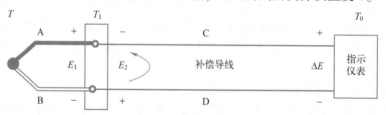

图 1-30　用补偿导线进行温度补偿

当然，在一定温度范围内补偿导线的温度特性应与原测温热电偶相同。所以在使用时必须注意与热电偶的型号相配，接线时务必要注意极性不能接错，否则不但起不了补偿作用，反而会引起更大的误差！

例如，某测温系统，若采用镍铬-镍硅（K 型）热电偶，自由端温度为 45℃，仪表室内温度 18℃，查分度表知：

$e_1(45℃,0℃)=1.817\,\mathrm{mV}$，　　$e_2(18℃,0℃)=0.718\,\mathrm{mV}$

错误接法时：

$e=-2[e_1(45℃,0℃)-e_2(18℃,0℃)]=-2.198\,\mathrm{mV}$

相当于 -53℃，即由于补偿导线极性接反，造成测量值比实际值偏低 53℃。

注意：在热电动势计算中，若温度采用摄氏温度，则热电动势符号用 e 表示，温度符号用 t 表示。

（2）补偿导线的分类

1）延长型补偿导线。延长型补偿导线简称延长型导线。对于由廉价材料制成的热电偶，补偿导线可使用与匹配的热电偶相同的材料制成，相当于把热电偶的电极延长到指示仪表端，故称延长型补偿导线，用字母"X"附在热电偶分度号之后表示，例如，"KX"表示K型热电偶用延长型补偿导线。

2）补偿型补偿导线。补偿型补偿导线简称补偿型导线，对于由贵重材料制成的热电偶，补偿导线可使用与匹配的热电偶不同的材料制成，但其热电势值在0～100℃或0～200℃范围内与配用热电偶的热电势标称值应相同，用字母"C"附在热电偶分度号之后表示，例如，"KC"表示K型热电偶用补偿型补偿导线。同一分度号的热电偶，可以由不同类型的补偿导线与之匹配，这时用附加字母区别，如"KCA""KCB"。

表1-14列出了常用补偿导线的类型及其与热电偶的匹配。

表1-14　常用补偿导线及其与热电偶的匹配

型号	名称	正、负极的材料名称		适配热电偶分度号
		正　极	负　极	
SC 或 RC	铜-铜镍补偿线	铜	铜镍 1.1	S 和 R
KCA	铁-铜镍补偿线	铁	铜镍 22	K
KCB	铜-铜镍补偿线	铜	铜镍 40	
KX	镍铬-镍硅延长线	镍铬 10	镍硅 3	
NC	铁-铜镍 18 补偿导线	铁	铜镍 18	N
NX	镍铬硅-镍硅延长线	镍铬 11 硅	镍硅 4	
EX	镍铬-铜镍延长线	镍铬 10	铜镍 45	E
JX	铁-铜镍延长线	铁	铜镍 45	J
TX	铜-铜镍延长线	铜	铜镍 45	T

8. 热电偶的选用及安装

热电偶温度传感器在工业生产测温中有着非常广泛的应用，在热电偶的选择中，首先应根据被测温度的上限，正确地选择热电偶的热电极及保护套管；根据被测对象的结构及安装特点，选择热电偶的规格及尺寸。热电偶按结构形式可分为普通工业型、铠装型及特殊型等。

常用的普通工业型热电偶及其特点如下。

1）S 型（铂铑 10-铂）热电偶。属于贵重金属热电偶，正极为铂铑合金，负极为铂，使用温度范围为 0～1600℃。耐热性、化学稳定性好，精度高，可以作为标准温度使用，一般用于准确度要求较高的温度测量。但热电动势值小，在还原性气体环境（特别是氢、金属蒸气）变脆，补偿导线误差大，价格贵。

2）R 型（铂铑 13-铂）热电偶。同 S 型热电偶。

3）B 型（铂铑 30-铂铑 6）热电偶。属于贵重金属热电偶，正极为铂铑 30 合金，负极为铂铑 6 合金，使用温度范围为 600～1700℃。耐热性、化学稳定性好、精度高，可以作为标准温度使用，一般用于准确度要求较高的温度测量中；自由端在 0～50℃内可以不用补偿导线。但热电动势值小，在还原性气体环境（特别是氢、金属蒸气）变脆，补偿导线误差大，价格贵。在600℃以下温度测定时不准确，线性不佳，价格贵。

4）K型（镍铬-镍硅或镍铬-镍铝）热电偶。镍铬合金为正极，镍硅或镍铝合金为负极，使用温度范围为-200~1200℃。1000℃以下稳定性、耐氧化性良好，热电势比S型大4到5倍，而且线性度更好，是非贵重金属中性能最稳定的一种，应用很广。但不适用于还原性气体环境，特别是一氧化碳、二氧化硫和硫化氢等气体。

5）N型（镍铬硅-镍硅）热电偶。温度范围为-270~1300℃。热电势线性良好，1200℃以下耐氧化性良好。为K型之改良型，耐热温度较K型高。不适用于还原性气体环境。

6）J型（铁-康铜）热电偶。铁为正极，康铜为负极，使用温度范围为-50~750℃。可使用于还原性气体环境，热电势较K型热电偶大20%，价格较便宜，适用于中温区域。缺点是正极易生锈，重复性不佳。

7）E（镍铬-康铜）型热电偶。镍铬合金为正极，康铜为负极，使用温度范围为-200~900℃。在现有热电偶中灵敏度最高，比J型热电偶耐热性好，适于氧化性气体环境，价格低廉。但不适用于还原性气体环境。

8）T型（铜-康铜）热电偶。使用温度范围为-250~350℃，热电势线性良好，低温特性、重复性良好，精度高，低温时灵敏度高，价格低廉。可用于还原性气体环境。但使用温度上限低，正极（铜）易氧化，热传导误差大。

铠装热电偶是由热电极、绝缘材料和金属套管三者组合加工而成，它可以做得很细很长，在使用中可以随测量需要进行弯曲，其特点是：热惰性小、热接点处的热容量小、寿命较长和适应性强等，应用广泛。

热电偶安装时应放置在尽可能靠近所要测的温度控制点。为防止热量沿热电偶传走或防止保护管影响被测温度，热电偶应浸入所测流体之中，深度至少为直径的10倍。当测量固体温度时，热电偶应当顶着该材料或与该材料紧密接触。为了使导热误差减至最小，应减小接点附近的温度梯度。

当用热电偶测量管道中的气体温度时，如果管壁温度明显较高或较低，则热电偶将对之辐射或吸收其热量，从而显著改变被测温度。这时，可以用一辐射屏蔽罩来使其温度接近气体温度，采用所谓的屏罩式热电偶。

选择测温点时应具有代表性，例如测量管道中流体温度时，热电偶的测量端应处于管道中流速最大处。一般来说，热电偶的保护套管末端应越过流速中心线。

实际使用时特别要注意补偿导线的使用。通常接在仪表和接线盒之间的补偿导线，其热电性质与所用热电偶相同或相近，与热电偶连接后不会产生大的附加热电势，不会影响热电偶回路的总热电势。如果用普通导线来代替补偿导线，就起不到补偿作用，从而降低测温的准确性。尤其应注意：补偿导线与热电偶连接时，极性切勿接反，否则测温误差反而增大。

实际测量中，如果测量值偏离实际值太多，除热电偶安装位置不当外，还有可能是热电偶偶丝被氧化、热电偶热端焊点出现砂眼等。

9. 热电偶的命名

热电偶的命名规则如下。

型　　　号									说　　　明
W									温度仪表
	R								热电偶
		P						感温材料	铂铑$_{10}$—铂，分度号 S
		N							镍铬—镍硅，分度号 K
		M							镍铬硅—镍硅，分度号 N
		E							镍铬—铜镍，分度号 N
		C							铜—铜镍，分度号 T
		F							铁—铜镍，分度号 J
			无					偶丝对数	单支
			2						双支
				1				安装固定形式	无固定装置
				2					固定螺纹
				3					活动法兰
				4					固定法兰
				5					活络管接头式
				6					固定螺纹锥式
				7					直形管接头式
				8					固定螺纹管接头式
				9					活动螺纹管接头式
					2			接线盒形式	防喷式
					3				防水式
						0		保护管外径	$\phi16\,mm$（1Gr$_{18}$Ni$_9$）
						1			$\phi25\,mm$（高铝或刚玉双层套管）
						2			$\phi16\,mm$（高铝质管或刚玉单层套管）
						3			$\phi20\,mm$ 高铝质管（单层）
							G	工作端形式	变截面

举例：WRN2-231G 等。

1.6.3　热敏电阻温度传感器

1. 热敏电阻的分类

　　热敏电阻是一种阻值随着温度变化而变化的半导体电阻。热敏电阻一般是由金属氧化物或陶瓷半导体材料经成型、烧结等工艺制成或由碳化硅材料制成。按其特性通常可分为正温度系数热敏电阻（PTC）、负温度系数热敏电阻（NTC）和临界温度系数热敏电阻（CTR）三种，图 1-31 是热敏电阻的温度特性曲线。

（1）正温度系数热敏电阻

正温度系数（Positive Temperature CoeffiCient，PTC）热敏电阻是指电阻值随着温度升高而增加的敏感电阻，如图 1-31 中的曲线 2。正温度系数热敏电阻是以 $BaTiO_3$ 或 $SrTiO_3$ 或 $PbTiO_3$ 为主要成分的烧结体。实验表明，在工作温度范围内，PTC 热敏电阻的电阻-温度特性可近似表示为

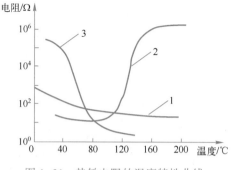

图 1-31　热敏电阻的温度特性曲线

$$R_t = R_0 e^{B(t-t_0)} \qquad (1-5)$$

式中，R_t 是热敏电阻温度为 t（℃）时的电阻值；R_0 表示温度为温度为 t_0（一般为 25℃）时的电阻值；B 为该种材料的材料常数。

由图 1-31 可知，PTC 热敏电阻在一定温度范围内，电阻值变化较快，线性范围窄，所以一般用于温度开关、恒温控制等场合。

（2）负温度系数热敏电阻

负温度系数（Negative Temperature CoeffiCient，NTC）热敏电阻是指随温度上升电阻呈指数关系减小，如图 1-31 中的曲线 1。NTC 热敏电阻是利用锰、铜、硅、钴、铁、镍、锌等两种或两种以上的金属氧化物进行充分混合、成型、烧结等工艺而成的半导体陶瓷，其电阻率和材料常数随材料成分比例、烧结气氛、烧结温度和结构状态的不同而不同。

NTC 热敏电阻的阻值 R 与温度 t（℃）之间的关系式为

$$R_t = R_0 e^{B(1/t-1/t_0)} \qquad (1-6)$$

式中，R_t 是热敏电阻温度为 t（℃）时的电阻值；R_0 为温度为 t_0 时的电阻值；B 为常数，一般为 3000~5000。

与 PTC 热敏电阻相比，NTC 热敏电阻其电阻值变化较慢，线性范围宽，所以一般用于温度测量、温度补偿和电流限制等。不同型号 NTC 热敏电阻的测温范围不同，一般为 -50~300℃，也可为-200~10℃，甚至可以在 300~1200℃环境下测温。

（3）临界温度系数热敏电阻

临界温度系数热敏电阻（CritiCal Temperature Resistor，CTR）具有负电阻突变特性（如图 1-31 中的曲线 3），在某一温度下，电阻值随温度的增加激剧减小，具有很大的负温度系数。CTR 热敏电阻一般是钒、钡、锶和磷等元素氧化物的混合烧结体，是半玻璃状的半导体，也被称为玻璃态热敏电阻。因 CTR 热敏电阻在某一温度时变化较快，所以一般用于温度控制。

2. 热敏电阻温度传感器的优缺点

热敏电阻与金属金属热电阻相比，具有以下的一些特点。

（1）优点

1）温度系数大，灵敏度高（即温度每变化一摄氏度时电阻值的变化量大）。

2）结构简单，体积小，可以测量点温度。

3）热惯性小，适宜动态测量。

4）价格低廉。

（2）缺点

1）线性度较差，尤其是突变型正温度系数热敏电阻（PTC）的线性度很差，通常作为开关器件用于温度开关、限流或加热元件；负温度系数热敏电阻（NTC）通过采取工艺措施线性度有所改善，在一定温度范围内可近似为线性，作为温度传感器可用于小温度范围内的低精度测量，如空调器、冰箱等。

2）互换性差。由于制造上的分散性，同一型号不同个体的热敏电阻其特性不尽相同，R_0 相差 3%~5%，B 值相差 3% 左右。通常测试仪表和传感器由厂方配套调试、供应，出厂后不可互换。

3）存在老化、阻值缓变现象。因此，以热敏电阻为传感器温度仪表一般每 2~3 年需要校验一次。

3. 热敏电阻温度传感器参数与命名

热敏电阻属于敏感电阻，其命名规则见如表 1-15 所示。

表 1-15　热敏电阻名称含义

主　　称		类　　别		后续数字的含义									
主称称号	意义	类别符号	意义	0	1	2	3	4	5	6	7	8	9
M	敏感电阻	Z	PTC		普通用	限流用		延迟用	测温用	控温用	消磁用		恒温用
		F	NTC	特殊用	普通用	稳压用	微波测量用	旁热式	测温用	控温用	抑制浪涌	线性型	

如 MF58 则表示 NTC 测温型热敏电阻。

热敏电阻的型号很多，如某厂生产的 NTC 热敏电阻规格型见表 1-16，表 1-17 为部分热敏电阻阻温特性。

表 1-16　部分热敏电阻规格型号一览表

型　　号	标称电阻值 R25/kΩ	B 值（25/50℃）/K
MF58-502-3270	5	3270
MF58-502-3380	5	3380
MF58-502-3470	5	3470
MF58-502-3900	5	3950
MF58-103-3360	10	3360
MF58-103-3380	10	3380
MF58-103-3435	10	3435
MF58-103-3470	10	3470
MF58-103-3600	10	3600
MF58-103-3900	10	3900
MF58-103-3950	10	3950
MF58-103-4100	10	4100

（续）

型　　号	标称电阻值 R25/kΩ	B 值（25/50℃）/K
MF58-153-3950	15	3950
MF58-203-3950	20	3950
MF58-223-3950	22	3950
MF58-303-3950	30	3950
MF58-473-3950	47	3950
MF58-503-3900	50	3900
MF58-503-3950	50	3950
MF58-503-3990	50	3990
MF58-104-3900	100	3900
MF58-104-3925	100	3925
MF58-104-3950	100	3950
MF58-104-4200	100	4200
MF58-154-3950	150	3950
MF58-204-3899	200	3899
MF58-204-4260	200	4260
MF58-234-4260	230	4537（100/200℃）
MF58-504-4260	500	4260
MF58-504-4300	500	4300
MF58-105-4400	1000	4400
MF58-135-4400	1300	4400
MF58-1.388M-4400	1388	4400
MF58-1.388M-4600	1388	4600

表 1-17　部分热敏电阻阻温特性表

℃	3 kΩ	5 kΩ	5 kΩ	10 kΩ	10 kΩ	10 kΩ	50 kΩ	100 kΩ	150 kΩ
-30	31.70	52.84	90.83	111.30	133.63	181.7	991.35	2056.7	3942.8
-25	24.75	41.19	66.65	86.39	101.60	133.5	723.36	1502.2	2787.1
-20	19.46	32.44	49.44	67.74	77.93	98.99	533.09	1107.0	1992.8
-15	15.41	25.65	37.05	53.39	60.29	74.06	396.64	822.68	1440.3
-10	12.29	20.48	28.03	42.45	47.02	56.06	297.80	616.42	1051.9
-5	9.86	16.43	21.40	33.89	36.95	42.81	225.57	465.45	775.83
0	7.97	13.29	16.48	27.28	29.24	32.96	172.0	352.4	576.7
5	6.49	10.80	12.79	22.05	23.31	25.57	132.2	270.0	433.2
10	5.30	8.84	10.00	17.96	18.69	20.00	102.4	208.3	328.4
15	4.36	7.27	7.88	14.68	15.09	15.76	80.03	161.9	250.9

（续）

℃	3 kΩ	5 kΩ	5 kΩ	10 kΩ	10 kΩ	10 kΩ	50 kΩ	100 kΩ	150 kΩ
20	3.61	6.01	6.26	12.09	12.25	12.51	63.00	126.7	193.3
25	3.00	5.00	5.00	10.00	10.00	10.00	50.00	100.0	150.0
30	2.51	4.18	4.02	8.31	7.93	8.048	39.76	78.35	117.3
35	2.11	3.51	3.26	6.94	6.77	6.517	31.89	62.37	92.28
40	1.78	2.96	2.66	5.83	5.62	5.321	25.73	49.94	73.11
45	1.51	2.51	2.18	4.91	4.69	4.356	20.88	40.22	58.28
50	1.28	2.14	1.79	4.16	3.93	3.588	17.04	32.56	46.74
55	1.10	1.83	1.49	3.54	3.30	2.972	13.999	26.40	37.71
60	0.94	1.57	1.24	3.02	2.79	2.467	11.53	21.53	30.58
65	0.81	1.35	1.04	2.59	2.37	2.073	9.541	17.69	24.94
70	0.70	1.17	0.87	2.23	2.02	1.734	7.929	14.62	20.45
75	0.61	1.01	0.74	1.92	1.73	1.473	6.621	12.10	16.85
80	0.53	0.88	0.62	1.67	1.49	1.250	5.552	10.05	13.94
85	0.46	0.77	0.53	1.45	1.28	1.065	4.674	8.376	11.60
90	0.41	0.68	0.46	1.23	1.11	0.911	3.950	7.004	9.680
95	0.36	0.60	0.39	1.11	0.96	0.7824	3.349	5.894	8.118
100	0.32	0.53	0.34	0.97	0.84	0.6744	2.849	4.978	6.836
105	0.28	0.47	0.29	0.86	0.73	0.5834	2.438	4.215	5.780
110	0.25	0.41	0.25	0.76	0.64	0.5066	2.093	3.580	4.904
B 值$_{25/50℃}$	3270	3270	3950	3380	3600	3950	4150	4300	4500
B 值$_{25/85℃}$	3320	3320	3990	3435	3630	3990	4220	4410	4560

从表 1-16 中可以看出，当热敏电阻标称值相同时，B 值越大，温度系数也越大，则其灵敏度越高，在应用热敏电阻时，应根据需要进行选择。

由于生产热敏电阻的厂商很多，有些制造商对热敏电阻的命名并不是以 M 开头，而是以 KC 或 KH 开头，详细情况请读者参阅相关资料。

4. 热敏电阻温度传感器接口电路

根据热敏电阻的基本特性，构成热敏电阻检测电路就是将电阻的变化转换成电压的变化，一般通过电阻分压的方式来实现；当然，实际应用中也可以把热敏电阻作为 RC 振荡器的振荡电阻，使振荡器的振荡频率与温度成比例。

不管是哪一种方式，由于热敏电阻的非线性非常严重，所以都要进行线性化处理。

（1）基本连接方式

图 1-32a 是一个热敏电阻 R_t 与一个电阻 R_s 的并联方式，这可构成简单的线性测量电路，若在 50℃ 以下的范围内，其非线性可抑制在 ±1% 以内，并联电阻 R_s 的阻值为热敏电阻 R_t 的 0.35 倍。图 1-32b 和图 1-32c 为合成电阻方式，温度系数小，适用于宽范围的温度测量，测量精度也较高。图 1-32d 为比率式，电路构成简单，具有较好的线性。

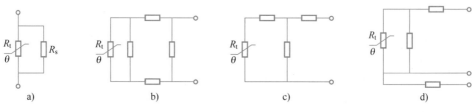

图 1-32　热敏电阻的基本连接方式

（2）应用电路

采用热敏电阻的测量电路如图 1-33 所示。

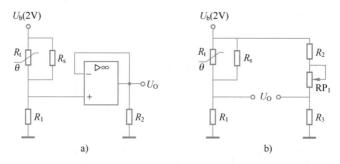

图 1-33　热敏电阻的常用测量电路

a）并联方式　b）桥接方式

图 1-33a 为并联方式，热敏电阻 R_t 与电阻 R_s 并联，输出 U_O 为

$$U_O = \frac{R_s}{R_{TH}+R_s}U_b$$

式中，$R_{TH}=R_t//R_s$。

由于这种电路非常简单，电源电压的变化会直接影响输出。因此，工作电源一般采用稳压电源。

图 1-33b 为桥接方式，热敏电阻作为桥的一个臂，输出为桥臂电压之差，即为

$$U_O = \left(\frac{R_1}{R_{TH}+R_a}-\frac{R_3}{R_2+RP_1+R_3}\right)U_b$$

式中，$R_{TH}=R_t//R_s$。

 1.6.4　集成温度传感器

集成温度传感器是利用晶体管 PN 结的电流和电压特性与温度的关系，把感温元件（PN 结）与有关的电子线路集成在很小的硅片上封闭而成。其具有体积小、线性好、反应灵敏、价格低和抗干扰能力强等优点，所以应用十分广泛。由于 PN 结不能耐高温，所以集成温度传感器通常用于测量 150℃ 以下的温度。

集成温度传感器按输出信号不同可分为电流型、电压型和频率型三大类。电流型输出阻抗高，可用于远距离精密温度的遥感和遥测，而且不用考虑接线引入的损耗。电压型输出阻抗低，易于同信号处理电路连接。频率型易与微型计算机连接。按输出端个数分，集成温度

56

传感器可分为三端式和两端式两大类。

1. 电流型集成温度传感器 AD590

（1）AD590 外形与电路符号

电流型典型集成温度传感器有 AD590（美国 AD 公司生产），国内同类产品有 SG590。器件电源电压为 4~30 V，测温范围为 -50~150℃。实际使用中通过对电流的测量即可得到相应的温度数值。AD590 后缀以 I、J、K、L、M 表示，实质上指特性不同和测量温度范围不同，其外形、电路符号如图 1-34 所示，图 1-34a 为 AD590 的正、底视图，图 1-34b 为 AD590 的外形图，图 1-34c 为 AD590 的电路符号。在应用 AD590 测温时，1 脚电压要高于 2 脚电压。

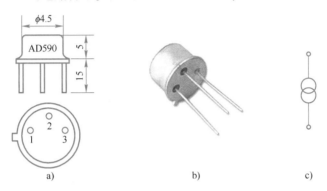

图 1-34　AD590 外形与符号

（2）AD590 的主要技术参数

AD590 的主要技术参数如表 1-18 所示。

表 1-18　AD590 的主要技术参数

工作电压：4~30 V	工作温度：-55~150℃
保存温度：-65~175℃	焊接温度（10 s）：300℃
正向电压：+44 V	反向电压：-20 V
灵敏度：1 μA/K	输出电阻：710 MΩ

（3）AD590 的伏安特性

AD590 的伏安特性如图 1-35 所示，横坐标为输入的直流工作电压，纵坐标为恒流值输出。由该图可知，工作电压在 4~30 V 时，I 为一恒流值输出，$I \propto t_K$，即

$$I_{OUT} = KT \cdot t_K \tag{1-7}$$

式中，KT 为标定因子，AD590 的标定因子为 1 μA/K。

显然，工作电压需为 4~30 V 的稳定值。

（4）AD590 的温度特性

AD590 的温度特性曲线函数是以 t_K 为变量的 n 阶多项式之和，省略非线性项后则有

$$I_{OUT} = KT \cdot (t_c + 273.2) \tag{1-8}$$

式中，t_c 为摄氏温度；I 的单位为 μA。

可见，当温度为 0℃时，输出电流为 273.2 μA。在常温 25℃时，标定输出电流为 298.2 μA。AD590 温度特性如图 1-36 所示。

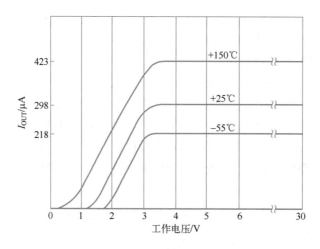

图 1-35　AD590 的温度特性

（5）AD590 的接口电路

AD590 的特性就是流过器件的电流与热力学温度成正比，基准温度下可得到 1 μA/K 的电流值。当不考虑非线性、直流工作电源稳定，且在被测温度一定时，AD590 实质上相当于恒流源，把它与直流电源相连，并在输出端串接一个标准 1 kΩ 的电阻，结果此电阻上流过的电流与被测热力学温度成正比，电阻两端将会有 1 mV/K 的电压信号，其基本原理电路如图 1-37 所示。

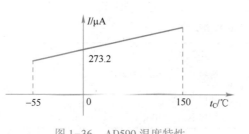

图 1-36　AD590 温度特性

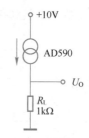

图 1-37　AD590 基本原理电路

日常生活中，我国使用的是摄氏温度，所以要将热力学温度变成摄氏温度，图 1-38 是两种常见的摄氏温度应用测量电路。图 1-38a 为电桥电路，当温度为 0℃ 时，流过 AD590 的电流 I 为 273.2 μA，若 R_L 取 1 kΩ，则 0℃ 时 $V_A = 273.2$ mV，通过调节 RP$_1$ 使 $V_B = 273.2$ mV，则当温度为 0℃ 时，输出电压 $U_O = V_A - V_B = 0$ V。若温度为 1℃，则 $V_A = 274.2$ mV，$U_O = V_A - V_B = 1$ mV，所以该电路的灵敏度为 1 mV/℃。

如果要实现 10 mV/℃，如何实现呢？

图 1-38b 采用正负电源供电。为了在 0℃ 时输出电压 $U_O = 0$ V，则要求电阻 $R_1 + RP_1 = \dfrac{5\ \text{V}}{273.2\ \mu\text{A}} = 18.3$ kΩ。电阻 R_1 选 10 kΩ，RP$_1$ 选 10 kΩ，通过调节 RP$_1$ 使其和为 18.3 kΩ 即可。该电路的灵敏度为 18.3 mV/℃。

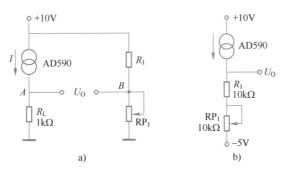

图 1-38 AD590 摄氏温度应用测量电路

2. 电压型集成温度传感器 LM35

（1）LM35 封装介绍

电压型集成温度传感器型号主要有 LM35、LM335 和 AN6701S 等多种。LM35 系列传感器是三端的电压输出型的精密感温器件，有 LM35、LM35A、LM35C、LM35CA 和 LM35D 等型号，常见封装如图 1-39 所示。

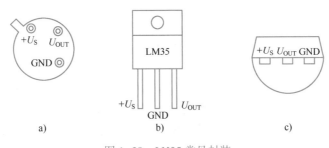

图 1-39 LM35 常见封装

a）T0-46 封装 b）T0-220 封装 c）T0-92 封装

图 1-39 封装图中，$+U_s$ 接正电源，GND 为接地，U_{OUT} 为输出与温度成正比的电压。

（2）LM35 特性介绍

1）LM35 极限参数如下。

- 电源电压为 +35 ~ -0.2 V。
- 输出电压为 +6 ~ -1.0 V。
- 输出电流为 10 mA。
- 存放温度范围对于 T0-46 封装（金属壳）为 -60 ~ 180℃，对于 T0-92 封装（塑料）为 -55 ~ 150℃。
- 工作温度范围对于 LM35 和 LM35A 为 -55 ~ 150℃，对于 LM35C 和 LM35CA 为 -40 ~ 110℃，对于 LM35D 为 -0 ~ 100℃。

2）LM35 的特点如下。

- 直接用摄氏温度校正。
- 线性温度系数（灵敏度）为 10.0 mV/℃。
- 在 25℃ 时，测量精度为 0.5℃；工作电压范围为 4 ~ 30 V。
- 非线性度不超过 ±0.5℃。

- 输出阻抗低，在 1 mA 负载电流时，输出阻抗只有 0.1 Ω。
- 静态电流小于 60 μA。
- 可采用单电源供电，也采用双电源供电，在测量温度范围内不用
  进行调整。

（3）LM35 应用电路

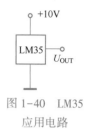

图 1-40 LM35 应用电路

LM35 的灵敏度为 10 mV/℃，即温度为 0℃时电压为 0 V，当温度每升高 1℃，输出电压升高 10 mV，其应用电路如图 1-40 所示。

1.7 集成运放典型放大电路设计

信号放大电路的作用是将微弱的传感器信号放大到足以进行各种转换处理或驱动指示器、记录器以及各种控制机构的信号。由于传感器输出的信号形式和信号大小各不相同，传感器所处的环境条件、噪声对传感器的影响也不一样，因此所采用的放大电路的形式和性能指标也不同，使得放大电路的种类多种多样，如差动放大电路和高共模抑制比放大电路、低漂移放大电路、高输入阻抗放大电路、电荷放大电路、电流放大电路、电桥放大电路和增益调整放大电路等。此外，对于生物电信号的放大以及核电站等强噪声背景下的信号放大，考虑到安全等原因，还需将传感器与放大电路进行电气隔离，即采用隔离放大电路。本节主要讨论基本的放大电路，其他放大电路在后续项目中有选择地进行讨论。

随着集成技术的发展，集成运算放大器的性能不断完善，价格不断降低，完全采用分立元件的信号放大电路已基本被淘汰，目前主要采用由集成运算放大器组成的各种形式的放大电路或专门设计制成的具有某些特性的单片集成放大器。为此，本节将主要介绍测控系统中由集成运算放大器组成的典型放大电路。

在介绍运算放大器时往往将它们作为理想运算放大器，而实际使用的运算放大器与理想运算放大器是有区别的，因此，本节将对运算放大器的误差及其补偿进行相应介绍。

由于传感器的输出信号通常很微弱，而输入到放大电路的噪声与放大器件自身产生的噪声往往大于放大电路的输入信号，这时如何减少噪声，或把噪声与信号分离，是信号放大电路设计中的一个重要课题。

1.7.1 典型测量放大电路设计与测试

在测量控制系统中，用来放大传感器输出的微弱电压、电流或电荷信号的电路称为测量放大电路，亦称仪用放大电路。

测量放大电路的结构形式是由传感器的类型决定的。例如，电阻应变式传感器通过电桥转换电路输出电压信号，并用差动放大器进一步放大，因此电桥放大电路就是其测量放大电路。又如，用光电池、光敏电阻作为检测元件时，由于它们的输出电阻很高，可视为电流源，此时电流放大电路就是其测量放大电路。

测量放大电路的频带宽度是由被测参数的频率范围及其载波信号频率决定的。测控系统中，被测参数的频率，低的从直流开始，高的可至 10^{11} Hz。被测信号的频率范围越宽，测量放大电路的频带也应越宽，才能使不同的频率信号具有同样的灵敏度，使输出不失真。

1. 测量放大电路的基本要求与类型

通常，传感器输出的电信号是很微弱的，且与电路之间的连接具有一定的距离。例如，在典型的工业环境中，距离可达 3 m 以上，这时需要用电缆传送信号。传感器有内阻，电缆也有电阻，这些电阻和放大电路等产生的噪声，以及环境噪声都会对放大电路造成干扰，影响其正常工作。因此对测量放大电路的基本要求如下。

- 测量放大电路的输入阻抗应与传感器输出阻抗相匹配。
- 稳定的放大倍数。
- 低噪声。
- 低的输入失调电压和输入失调电流，以及低的漂移。
- 足够的带宽和转换速率（无畸变地放大瞬态信号）。
- 高共模输入范围（如达几百伏）和高共模抑制比。
- 可调的闭环增益。
- 线性好、精度高。
- 成本低等。

应该指出的是，不同的传感器、不同的使用环境、不同的使用条件和目的，对测量放大电路的要求是不同的，测量放大电路是一种综合指标很好的高性能放大电路。

按结构原理，测量放大电路可分为差动直接耦合式、调制式和自动稳定式三大类。其中，差动直接耦合式放大电路包括单端输入（同相或反相）运算放大电路、电桥放大电路和电荷放大电路等。

按元件的制造方式，测量放大电路可分为分立元件结构形式、通用集成运算放大器组成形式和单片集成测量放大器三种。与前两种形式相比，通用集成运算放大器组成形式具有体积小、精度高、调节方便和性价比高等优点。单片集成测量放大器的体积更小、精度更高、使用更为方便，但价格较贵。随着集成工艺的发展，单片集成测量放大器的应用越来越广泛。

2. 实际运算放大器及其特性

常用运算放大器的符号和实物图如图 1-41 所示，图 1-14a 中为现行的国标符号，图 1-41b 中为旧国标符号，图 1-41c 中为常用芯片 LM358 实物图。

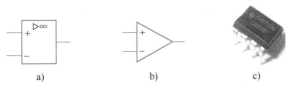

图 1-41　常用运算放大器符号与实物图
a）国标符号　b）旧国标符号　c）LM358 实物图

通常将运算放大器作为理想状态下的运算放大器，而实际使用的运算放大器与理想运算放大器是有区别的，其主要区别如表 1-19 所示。由表可知，1~4 项的理想特性与实际特性还比较接近，但第 5 项差别很大。有的运算放大器的带宽只有 10 Hz，即使是通带较宽的运算放大器也只有数十千赫。

表 1-19 运算放大器的理想特性和实际特性

序 号	参数名称	理想特性	实际特性
1	差模增益	∞	90~100 dB 以上
2	共模增益	0	0 dB 以上
3	输入阻抗	∞	$100\,\mathrm{k\Omega}$~数兆欧
4	输出阻抗	0	$10\,\Omega$~数百欧
5	带宽	$0\sim\infty$	$0\sim10\,\mathrm{Hz}$（或 $0\sim10\,\mathrm{kHz}$）

3. 反相放大电路设计

（1）典型电路

反相放大电路的基本电路如图 1-42a 所示，其输入阻抗和闭环增益分别为

1.7.1 典型测量放大电路设计与测试（反相放大电路）

$$Z_\mathrm{i} = R_1 \tag{1-9}$$

$$A_\mathrm{u} = -\frac{R_2}{R_1} \tag{1-10}$$

$$Z_0 \approx 0 \tag{1-11}$$

运算放大器不论是作为反相放大器还是同相放大器，电路都是采用电压负反馈的形式，电路的闭环输出阻抗都非常小，其值接近于零。

反相放大电路的优点是性能稳定，缺点是输入阻抗比较低，但一般能够满足大多数场合的要求，因而在电路中应用较多。由于电阻的最大取值不宜超过 $10\,\mathrm{M\Omega}$，在提高反相放大器的输入阻抗与提高电路的增益之间存在一定矛盾。图 1-42b 所示的电路可以避免这种矛盾，它既有较高的输入阻抗，又可取得足够的增益。如果选取 R_2 远大于 R_4、R_5，则放大器的增益可用下式近似计算：

$$A_\mathrm{u} = -\frac{R_2}{R_1}\left(1+\frac{R_4}{R_5}\right) \tag{1-12}$$

实际应用中，R_4 和 R_5 可以用电位器取代，实现放大器增益在一定范围内的连续调节。

任何一个放大器的带宽总是有限的，为了抑制噪声、降低成本和简化结构，通常把放大器和滤波器（常常是低通滤波器）设计成一体，图 1-42c 是使用较多的交流反相放大电路的一种形式。在该电路中，电路的低端截止频率由 C_1 和 R_1 决定，高端截止频率由 R_1、R_2 和 C_1 决定。

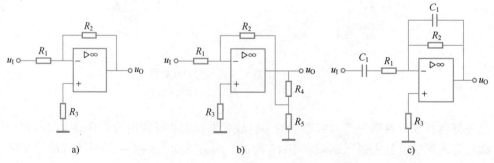

图 1-42 反相放大电路

a）基本电路 b）提高输入阻抗的放大电路 c）低频交流放大电路

（2）反相放大电路设计

[**例 1-1**] Pt100 热电阻传感器检测电路在 50℃时输出直流电压为 10 mV，要求将该电压放大到-1 V，要求放大电路输入阻抗 10 kΩ 左右，如何设计放大电路？

解：根据描述可知，该放大电路放大的为直流电压，故可选择图 1-42a 所示的基本电路。要将 10 mV 的信号放大到-1 V，则放大倍数为

$$A_u = \frac{-1\,\text{V}}{10\,\text{mV}} = -100$$

由于要求放大电路的输入阻抗为 10 kΩ 左右，则输入电阻 R_1 取 10 kΩ，可得

$$A_u = -\frac{R_2}{R_1} = -100$$

由式（1-10）可得

$$\begin{aligned} R_2 &= -A_u \times R_1 \\ &= 100 \times 10 \\ &= 1\,\text{M}\Omega \end{aligned}$$

通过查阅电阻系列表，选择 1 MΩ 即可。R_3 的取值为 R_1 与 R_2 的并联值，约为 10 kΩ。集成运放 A_1 可选用 HA741、OP07 或 LM30-8 等集成运放芯片，得到的电路如图 1-43a 所示。

实际应用中，一方面电阻存在误差，实际应用中放大倍数与计算值有偏差，另一方面测量放大电路的放大倍数一般应可以调节，才能满足测量需求。所以，决定放大倍数的 R_2 一般用固定电阻和可调电阻串联来代替，固定电阻一般取理论值的 90%，可调电阻取理论值的 20%，这样就可以解决上面的两个问题。对于上面的例子，可以选择 910 kΩ 的固定电阻和 200 kΩ 可调电阻串联即可，得到的电路如图 1-43b 所示。

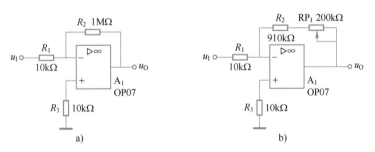

图 1-43 反相放大电路设计

a）电路原理图及参数 b）实用电路原理图及参数

4. 同相放大电路设计与测试

（1）典型电路

同相放大电路的基本电路如图 1-44a 所示，其闭环增益为

$$A_u = 1 + \frac{R_2}{R_1} \tag{1-13}$$

同相放大电路的输入阻抗 Z_i 为

$$Z_i = \frac{AZ_i'}{1+\frac{R_2}{R_1}} \qquad (1-14)$$

式中，Z_i' 为运算放大器的开环输入阻抗；A 为运算放大器的开环增益。

与反相放大电路相比，同相放大电路输入阻抗大，但也易受干扰。在电路中，同相放大器除了常用于前置放大外，还经常用于阻抗变换或隔离。图 1-44b 所示为一低频交流放大电路。为了得到较低的低端截止频率和避免使用过大的电容，电路中 R_1 选用比较大的阻值。为了避免放大器的输入阻抗对高通滤波器的截止频率的影响，采用了同相放大器的形式。为了消除运算放大器的输入偏置电流的影响，反馈网络采用了"Y"形网络，目的是使运放两输入端的电阻尽可能地相等。为计算简单和减少元器件的品种，实际电路中常取 $R_1 = R_2$。如果选取 R_2 远大于 R_3、R_4，则流经 R_2 的电流可忽略不计，该同相放大电路的增益可用下式计算：

$$A_u = 1 + \frac{R_3}{R_4}$$

图 1-44c 所示为跟随放大电路（电压跟随器），它是同相放大电路的一种极端形式，其电压增益为 1。图中两个电阻 R_1、R_2 是平衡电阻，其目的是消除运算放大器的输入偏置电流的影响，如果运放本身的输入阻抗足够高（输入偏置电流足够小）或对电路输出的零点偏移要求不高时，可以省略这两个电阻。

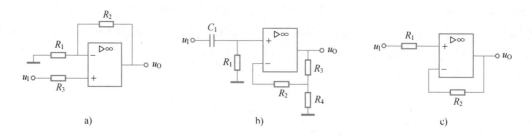

图 1-44 同相放大电路

a）基本电路 b）低频交流放大电路 c）电压跟随电路

现在已有许多同相放大器或跟随器商品芯片，其体积小、精度高、价格便宜、可靠性高。如美国 MAXIM 公司出品的 MAX4074、MAX4075、MAX4174 和 MAX4274 等；美国 TI 公司（原 BB 公司）的 OPA2682、OPA3682 等芯片。这些芯片既可以作为同相放大器，又可以作为反相放大器。设计高输入阻抗的跟随器时，可以考虑选用美国 TI 公司的 OPA128，其输入偏置电流仅有 75 fA。

（2）同相放大电路设计

[例 1-2] 电阻应变片传感器检测电路的直流电压为 20 mV，要求将该电压放大到 1 V，如何设计放大电路？

解：根据描述可知，该放大电路放大的为直流电压，故可选择图 1-44a 所示的基本电路，要将 20 mV 的信号放大到 1 V，则放大倍数为

$$A_u = \frac{1\,\text{V}}{20\,\text{mV}} = 50$$

同相放大电路增益表达式为

$$A_u = 1 + \frac{R_2}{R_1}$$

由式（1-18）和式（1-19）可得

$$R_2 = (A_u - 1) \times R_1$$

电阻 R_1 取 $10\,\text{k}\Omega$，则

$$R_2 = (50-1) \times 10$$
$$= 49 \times 10$$
$$= 490(\text{k}\Omega)$$

通过查阅电阻系列表，电阻 R_2 选择 $430\,\text{k}\Omega$ 的固定电阻和 $100\,\text{k}\Omega$ 可调电阻 RP_2 串联，R_3 选为 R_1 与 R_2 的并联值，$R_3 = R_1 // R_2 = 10\,\text{k}\Omega // 490\,\text{k}\Omega \approx 9.8\,\text{k}\Omega$，为了减少元器件种类，可以取 $10\,\text{k}\Omega$，与 R_1 相同。集成运放选 OP07，得到的电路如图 1-45 所示。

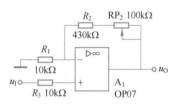

图 1-45　电路原理图

5. 基本差动放大电路设计与测试

差动放大电路是把两个输入信号分别输入到运算放大器的同相和反相输入端，然后在输出端取出两个信号的差模成分，而尽量抑制两个信号的共模成分的电路。采用差动放大电路，有利于抑制共模干扰（提高电路的共模抑制比）和减小温度漂移。图 1-46a 所示为一基本差动放大电路，它由一只通用的运算放大器和四只电阻组成。利用电路的线性叠加原理，先计算输入信号 u_{I1} 单独作用时（此时 u_{I2} 按短路处理）电路的输出电压 u_{O1} 为

$$u_{O1} = -\frac{R_2}{R_1} u_{I1} \tag{1-15}$$

再计算输入信号 u_{I2} 单独作用时电路的输出电压 u_{O2}

$$u_{O2} = \left(1 + \frac{R_2}{R_1}\right) \frac{R_4}{R_3 + R_4} u_{I2} \tag{1-16}$$

于是可得

$$u_O = u_{O1} + u_{O2} = -\frac{R_2}{R_1} u_{I1} + \left(1 + \frac{R_2}{R_1}\right) \frac{R_4}{R_3 + R_4} u_{I2} \tag{1-17}$$

可见，在满足一定条件情况下，输入信号为同相端与反相端输入信号的差值，电路放大倍数与反相放大电路在数值上相同。

为分析电路的共模抑制性能，将图 1-46a 变换为图 1-46b 的形式，图中 u_{Ic} 为作用于运算放大器的共模电压，u_{Id} 为差模电压，于是有

$$\begin{cases} u_{Ic} = \frac{1}{2}(u_{I1} + u_{I2}) \\ u_{Id} = (u_{I2} - u_{I1}) \end{cases} \tag{1-18}$$

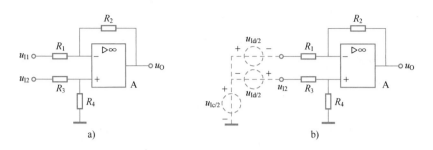

图 1-46　差动放大电路

a）基本差动放大电路　b）抑制共模信号模型电路

或者

$$\begin{cases} u_{I1} = u_{Ic} - \dfrac{1}{2} u_{Id} \\ u_{I2} = u_{Ic} + \dfrac{1}{2} u_{Id} \end{cases} \tag{1-19}$$

将 u_{I1}、u_{I2} 代入 u_O 中可得

$$u_O = \left(\frac{R_4}{R_3+R_4} \frac{R_1+R_2}{R_1} - \frac{R_2}{R_1} \right) u_{Ic} + \frac{1}{2} \left(\frac{R_4}{R_3+R_4} \frac{R_1+R_2}{R_1} + \frac{R_2}{R_1} \right) u_{Id} = A_{uc} u_{Ic} + A_{ud} u_{Id} \tag{1-20}$$

式中，A_{uc} 为共模电压增益；A_{ud} 为差模电压增益。

根据定义可得基本差动放大电路的共模抑制比 CMRR 为

$$CMRR = \frac{A_{ud}}{A_{uc}} = \frac{\dfrac{1}{2} \left(\dfrac{R_4}{R_3+R_4} \dfrac{R_1+R_2}{R_1} + \dfrac{R_2}{R_1} \right)}{\dfrac{R_4}{R_3+R_4} \dfrac{R_1+R_2}{R_1} - \dfrac{R_2}{R_1}} \tag{1-21}$$

为得到最大的共模抑制比，令 $A_{uc}=0$，此时 CMRR$\to\infty$，可得 $\dfrac{R_2}{R_1} = \dfrac{R_4}{R_3}$，则式（1-17）可改写为

$$u_O = \frac{R_2}{R_1} (u_{I2} - u_{I1}) \tag{1-22}$$

工程上为了减少器件品种和提高工艺性，常常使 $R_1=R_3$、$R_2=R_4$，此时 $u_O = (R_2/R_1) u_{Id}$，即电路只对差模信号进行放大。

但实际上，电路的共模抑制比不仅取决于电阻的匹配精度，还取决于运算放大器的共模抑制比、开环增益和输入阻抗等参数，甚至电路的分布参数也会影响电路的共模抑制比。再者，电阻也不可能完全匹配。一般来说，电阻的误差越小、差动增益越大，共模抑制比越高。

这种差动放大电路结构简单，但输入阻抗较低，增益调节困难，使其应用受到很大限制。集成化的差动放大器具有更好的性能，主要体现在共模抑制比和温度性能。这类芯片有很多，如 INA105、INA106 和 INA117 等。

1.7.2　运算放大器的误差及其补偿

1. 零点漂移及其调整

（1）输入失调电压

对理想运算放大器，输入电压为零，输出电压也必然为零。然而，实际运算放大器中，前置级的差动放大器并不一定完全对称，必须在输入端加上一直流电压后才能使输出为零，这一外加的直流电压便称为输入失调电压 u_{Os}。u_{Os} 随时间和温度而变化，可以理解为零点在变动，所以常称为零点漂移。当输入为零时输出不为零，这时输出端的电压称为输出失调电压 u_0，并表示为

$$u_0 = \left(1 + \frac{R_2}{R_1}\right) u_{Os} \tag{1-23}$$

由式（1-23）可知，输入失调电压相同的情况下，增益（R_2/R_1）越大，输出失调电压越大，所以失调电压的调整很重要。

（2）输入失调电流

在一般运算放大器的内部电路中，其输入端子都是晶体管的基极。在图 1-47 中，输入端有直流偏置电流 I_{b1}、I_{b2} 流过。无外加信号时，I_{b1}、I_{b2} 始终存在，于是就在 R_2 和 R_3 两端产生电压降 u_1 和 u_2，u_1 直接引起输出电压的变化，u_2 相当于作用在同相端的输入电压，所以在输出端产生的失调电压 u_{O2} 为

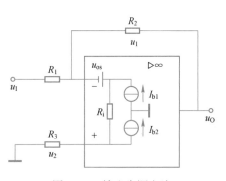

图 1-47　输入失调电流

$$u_{O2} = -R_2 I_{b1} + \left(1 + \frac{R_2}{R_1}\right) R_3 I_{b2} \tag{1-24}$$

若取 $R_3 = R_1 // R_2$，则

$$u_{O2} = R_2 (I_{b2} - I_{b1}) = R_2 I_{0s} \tag{1-25}$$

式中，I_{0s} 称为输入失调电流。由上式可知，当 $I_{b1} \neq I_{b2}$，即输入失调电流 $I_{0s} \neq 0$，R_2 越大，输出失调电压越大。因此，**为了减小输入失调电流对输出失调电压的影响，反馈电阻 R_2 不能取得太大，通常取 10~100 kΩ。**

（3）输入失调电压和失调电流的调整

不同的运算放大器有不同的调整方法，一般可分为内部调整和外部调整两种方法。

1）内部调整法。

内部调整法指导通过集成运算放大器的引脚外接电位器进行失调电压调整。调整的引脚及电路接法由芯片设计人员设计，用户只要根据数据手册进行调整即可，常用的集成运算放大器调整方法如图 1-48 所示。

2）外部调整法。

有些运算放大器本身没有输入失调电压和失调电流的调整端子，而由外部把调整电压接到运算放大器的某一输入端，如图 1-49 所示。图 1-49a 是把调整电压加至反相输入端，并接入电阻 R_4 和电位器 RP_1 进行零点调整。调整电压 u_a 的大小由下式计算：

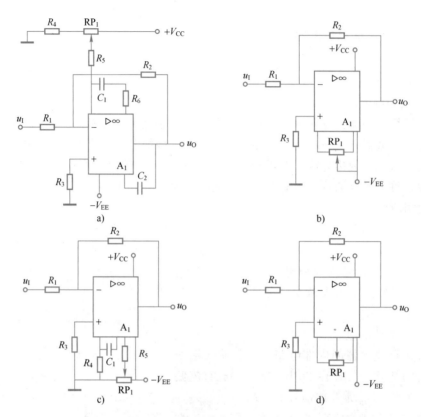

图 1-48　零点漂移内部调整方法

$$u_a = \frac{R_1 R_2}{R_4 R_1 + R_4 R_2 + R_1 R_2} U \tag{1-26}$$

式（1-26）中的 U 通常为数伏。而调整电压 u_a 通常只有数毫伏。所以 R_4 的大致范围为

$$R_4 = \frac{R_1 R_2}{R_1 + R_2} \times 1000 \tag{1-27}$$

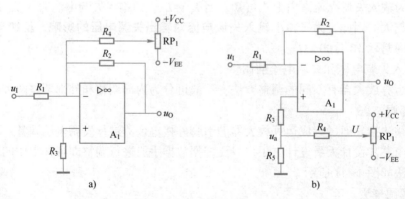

图 1-49　零点漂移调整方法
a）调整电压接入反相端　b）调整电压接入同相端

图 1-49b 是把调整电压加至同相输入端进行零点调整的，调整电压 u_a 为电位器调节电压 U 被 R_4、R_5 分压后在 R_5 上分到的电压，所以 u_a 为

$$u_a = \frac{UR_5}{R_4+R_5} \tag{1-28}$$

若调整范围在 10 mV 以内，则可取 $R_4 = R_5 \times 10^3$。为了使 R_5 两端产生的电压不影响其他回路，R_5 的值应尽可能取小些。

2. 运算放大器的相位偏移及补偿

（1）运算放大器输出与输入之间产生相位偏移的原因及危害

绝大部分的运算放大器都使用于反馈状态，如图 1-50 所示。图中 u_O 为放大器的输出电压，u_f 为反馈电压，β 为反馈系数，u_I 是闭环放大器的输入电压，u_{IO} 是开环放大器的输入电压，即集成块的输入电压，由图 1-45 可知

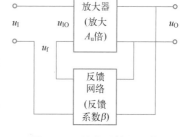

图 1-50 具有反馈的运算
放大器方框图

$$u_f = \beta u_O \tag{1-29}$$
$$u_{IO} = u_I + u_f = u_I + \beta u_O \tag{1-30}$$

若运算放大器的开环放大倍数为 A_u，则

$$u_O = A_u(u_I + \beta u_O) \tag{1-31}$$

从而

$$u_O = \frac{A_u u_I}{1-A_u\beta} \tag{1-32}$$

于是可得闭环放大倍数 A_{uf} 为

$$A_{uf} = \frac{A_u}{1-A_u\beta} \tag{1-33}$$

由式（1-33）可知，当 $A_u\beta \to 1$ 时，$A_{uf} \to \infty$，即**放大器的放大倍数很大**。

在放大电路中，由外部电路元件和集成运放内部的分布参数会形成"电阻-电容"（RC）网络，如图 1-51a 所示。将信号源接到 RC 网络并增大频率 f，随着频率增加，输出信号幅度开始下降，即电路增益开始下降，如图 1-51b 所示，当输出信号幅度下降 3 dB 时（变为最大值的 0.707 倍）的频率称为转折频率 f_p，并可由下式表示：

$$f_p = \frac{1}{2\pi RC} \tag{1-34}$$

由图 1-51c 可知，当 $f = 0.1f_p$ 时，输入与输出之间出现明显相移；当 $f = f_p$ 时，相位滞后为 45°；当 $f = 10f_p$ 时，相位滞后接近 90°。此后，频率继续增加，相位滞后基本不再变化，成水平状态。

在电路中经常存在"电阻-电容"网络，如图 1-52 所示，外接的输入电阻 R_1 和运算放大器的输入端的分布电容 C_1，以及反馈电阻 R_2 与运算放大器的输出端的分布电容 C_0 形成多级 RC 网络，每一个 RC 网络都会产生一定的相位偏移，当 RC 网络产生的相位偏移与电路本身的相位差（如反相放大器输出与输入相位差为 180°）之和达到 360° 并反馈到输入端时，输入信号与反馈信号同相位，电路便会产生自激振荡（电路增益也要达到一定值），从而影响电路的稳定。

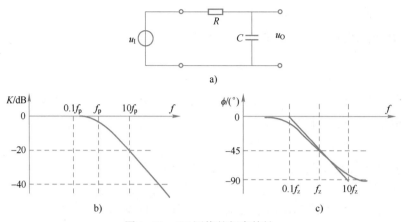

图 1-51　RC 网络的频率特性

a）电路图　b）幅频特性　b）相频特性

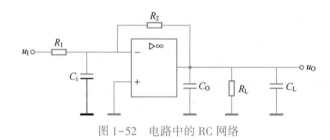

图 1-52　电路中的 RC 网络

（2）运算放大器输出与输入相位偏移的补偿

为了使电路稳定，避免产生自激振荡，解决的思路是减小电路的总附加相位偏移，方法是在电路中增加电容元件，形成"电容-电阻"（CR）网络，如图 1-53 所示。在 CR 网络输入端接信号源，输出信号的相位超前于输入信号 90°，从 $0.1f_z$ 起超前角开始衰减，当 $f=f_z$ 时，超前角为 45°；当 $f=10f_z$ 时，超前角接近零。对于相位超前的电路其转折频率为 f_z，它和相位滞后环节（RC 网络）的情况相反，将这两种网络（RC 和 CR 网络）适当组合，可以防止产生振荡。

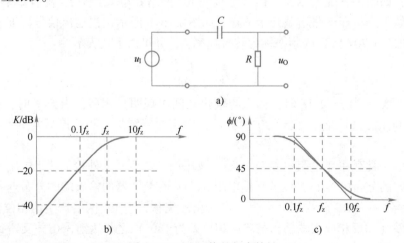

图 1-53　CR 网络的频率特性

a）电路图　b）幅频特性　c）相频特性

　　图 1-54 是几种相位补偿电路。图 1-54a 中为了防止由于 R_1C_i 引起的振荡，在反馈电阻两端接入电容 C_2。C_2 的大小可表示为

$$C_2 = C_i \frac{R_1}{R_2} \tag{1-35}$$

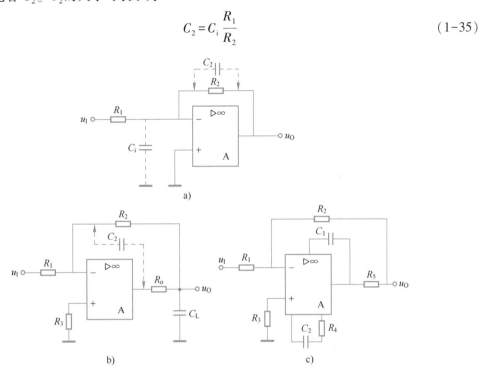

图 1-54　几种相位补偿电路

a) 防止输入电容干扰的补偿方法　b) 有容性负载时的接法　c) 补偿电容的实用接法

　　图 1-54b 表示的是由电容性负载的电容 C_L 和运算放大器输出电阻而产生振荡的情况。这时，可把 C_2 接在运算放大器的反相输入端和输出端之间。在电容性负载不能直接和运算放大器输出端相连而需接 R_o 的场合，C_1 应接在 R_o 之前。

　　由于运算放大器内部是由许多级放大器构成的，所以一般都有内部相位补偿网络和外接相位补偿网络两种。外接相位补偿电容时，如图 1-54c 所示，其中补偿电容 C_1、C_2 和增益的关系如表 1-20 所示。

表 1-20　补偿电容和增益的关系

R_2/R_1	C_1/pF	C_2/pF	$R_4/k\Omega$
1000	10	3	0
100	100	3	1.5
10	500	20	1.5
1	5000	200	1.5

习题 1

1. 金属热电阻 Pt100、Cu50 的含义是什么？

2. 画出热电阻接口电路，写出其输出电压表达式。

3. 热敏电阻有哪几种？

4. 热敏电阻与金属热电阻相比，各有什么特点？

5. AD590 温度系数是多少？

6. 如果被测温范围是 $-20 \sim 200℃$，可以选用哪些传感器？

7. 若放大交流信号，需要考虑零点漂移问题吗？

8. 设计一反相放大器，要求输入阻抗 $10\,k\Omega$，放大倍数 50 倍，请画出电路，确定电路参数。

9. 设计一同相放大器，放大倍数为 $20 \sim 50$ 倍，请画出电路，选择元器件。

10. 若被测温度为 $-50 \sim 300℃$ 时，选用铂热电阻测温，采用图 1-5 中的电桥电路，要求 $-50℃$ 时输出电压为 0 V，请问图中的电路参数如何选择？输出电压范围是多少？

11. 在调试图 1-15 所示电路过程中，当将热电阻放入 0℃ 环境时，发现输出电压为 10.8 V（最大值），请分析一下产生这种结果可能的原因。

项目 2　电子秤检测电路设计与制作

【项目要求】

- 额定称重：1 kg，精度：±10 g。
- 称重指示：5 V 电压表（电路输出电压为 0~5 V）。
- 电源电压：AC 220 V、50 Hz。

【知识点】

- 称重传感器基本特性。
- 称重传感器接口电路。
- 高共模抑制比放大器、高输入阻抗放大器（仪表放大器）。
- 滤波电路的作用。
- 电子秤检测电路制作与调试方法。

【技能点】

- 称重传感器接口电路仿真与设计。
- 高共模抑制比放大器、高输入阻抗放大器仿真与性能测试。
- 仪表放大器的设计与调试。
- 滤波电路性能测试。
- 电子秤检测电路设计流程。
- 电子秤检测电路制作与调试。
- 电子秤检测电路性能测试。

【项目学习内容】

- 熟悉常用的力传感器。
- 掌握称重传感器接口电路设计。
- 掌握高共模抑制比放大器、高输入阻抗放大器、仪表放大器设计与测试。
- 滤波电路设计与测试。
- 电子秤检测电路制作、调试与性能测试。

项目分析

1. 电子秤组成框图

电子秤在工业生产、商场零售等行业已随处可见。在商业领域，电子计价秤已取代传统的杆秤和机械案秤。

市场上通用的电子计价秤的硬件电路通常以单片机为核心，结合传感器、信号调理电路、A/D 转换电路、键盘及显示器等电路组成，其结构框图如图 2-1 所示。

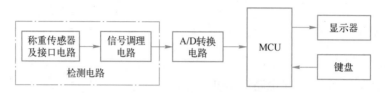

图 2-1　通用电子计价秤硬件结构框图

系统的基本工作过程：称重传感器将所称物品重量转换成电压信号，经信号调理电路处理后得到比较高的电压（电压数值取决于 A/D 转换器的基准电压），在 MCU 的控制下由 A/D 转换电路转换成数字量送 CPU 进行处理、显示，并根据键盘输入的价格计算出总金额。整个系统的重点在于传感器和信号处理部分，其他部分只是为了提高系统的自动化水平及人机交互界面质量，所以本项目主要讨论检测电路的制作与调试。

2. 电子秤检测电路组成框图

结合电子秤的设计方法与思路，其检测电路由称重传感器及接口电路和信号调理电路组成。本项目采用电阻型称重传感器，其输出信号非常微弱，一般要采用高增益放大器进行放大，并且要滤除各种干扰信号，图 2-2 为电子秤检测电路组成框图。

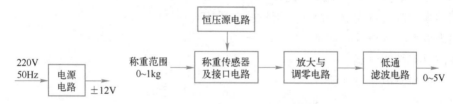

图 2-2　电子秤检测电路组成框图

电源电路是将 220 V、50 Hz 的交流电源（AC）变换成 ±12 V 等直流电源（DC），为电子秤各部分电路提供直流电源；恒压源电路通过二次稳压为称重传感器组成的电桥电路提供更为稳定的直流电源，以提高测量精度，一般通过专用电源芯片实现。称重传感器及接口电路将重力变化转换成电压变化。放大及调零电路将传感器及接口电路输出的较小的电压调理成符合项目要求的、与质量成正比关系的直流电压（1 kg 时为 5 V），由于系统为直流电压放大，所以还要消除集成运算放大器本身的零点漂移，以提高测量精度。在电子秤工作环境中，存在各种干扰，一定要通过低通滤波电路滤除干扰信号。

根据项目要求，本项目额定称重 1 kg，输出电压是 0~5 V，在实际应用中，不同场合其额定称重是不同的，如菜市场的电子秤额定称重为几千克到几十千克；测量汽车上物品质量的汽车衡的额定称重则为几吨到几十吨等。请查阅资料，了解常用电子秤的额定称重范围。

【巩固与训练】

1. 本项目额定称重是 1kg，请查阅资料，找出电子秤部分应用场合的额定称重，并记入表 2-1。

表 2-1　不同应用场合额定称重范围

电子秤应用场合	额定称重	电子秤应用场合	额定称重

2. 本项目电子秤检测电路的额定称重是 1kg，输出电压范围是 0~5V，请写出检测电路放置不同质量物体时的输出电压，并记入表 2-2。

表 2-2　不同称重检测电路理论输出电压值

质量/kg	0	0.1	0.2	0.4	0.5	0.6	0.7	0.8	0.9	1
输出电压/V										

任 务 实 施

任务 2.1　称重传感器及接口电路设计与测试

【任务目标】

- 会根据项目要求选用称重传感器。
- 掌握称重传感器 YZC-133 的特性与参数。
- 掌握称重传感器 YZC-133 的接口电路设计方法。
- 会设计称重传感器 YZC-133 的接口电路。
- 会调试称重传感器 YZC-133 的接口电路。

任务 2.1　称重
传感器及接口电
路设计与测试

【任务学习】

称重传感器一般采用力、位移类传感器，常见的有电阻应变片传感器、电感式传感器和电容式传感器等，在应用中要根据实际情况进行选择。

2.1.1　称重传感器的选用

1. 常见的称重传感器

传感器是整个系统的重量检测部分，常用称重传感器实物图如图 2-3 所示。当称重传

感器受外力 F 作用时，粘贴在变形较大的部位的电阻应变片（一般为四个）将产生形变，其电阻值随之变化。当四个应变片按一定规则连接成电桥时，则电桥的输出电压也发生变化，电压的变化与外加载荷成正比。

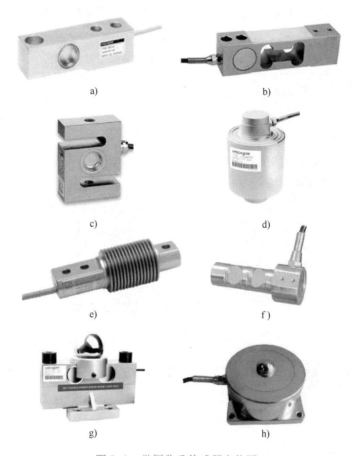

图 2-3 常用称重传感器实物图

a）悬臂梁式 b）箱式 c）S型拉压式 d）柱式 e）波纹管式 f）轴销式
g）双剪切梁式 h）轮辐式

（1）悬臂梁式传感器

悬臂梁式传感器是属于称重传感器，采用钢制材料，一端固定，另一端加载，采用钢球传力，上下压头承载或双球头式结构，设有良好的密封结构。受力后自动调心好，安装容易，使用方便，互换性好。主要用于地上衡、料斗秤和汽车衡等，量程一般为 50~1000 kg。

（2）箱式传感器

箱式传感器多为单点式铝合金或合金钢材料，精度适中，量程较小，不能在特殊环境中使用，适用于台秤、电子秤和包装秤等，量程一般为 1~1000 kg。

（3）S型拉压式传感器

S型拉压式传感器也叫拉式传感器，是以弹性体为中介，通过力作用于贴在传感器两边的电阻应变片使它的阻值发生变化。具有精度高、测量范围广、寿命长、结构简单和频响特性好等特点。一般用于吊钩秤、皮带秤和配料系统里，量程一般为 50~5000 kg。

（4）柱式传感器

柱式传感器一般为钢质材料，在实心（应变片贴于外侧）和中空（应变片贴于内侧）的材料上贴电阻应变片传感器，主要用于汽车衡、轨道衡、地磅，量程一般为 100 kg~100 t。

（5）波纹管式传感器

波纹管式传感器即弯曲梁结构传感器，采用金属波纹管焊接密封形式，内部充入惰性气体，可承受拉、压两种受力形式，其抗过载、抗疲劳、抗偏载能力强，可应用于电子皮带秤、料斗秤和平台秤等专用衡器，量程一般为 10~1000 kg。

（6）轴销式传感器

轴销式传感器实际上就是一根承受剪力作用的空心截面圆轴，双剪型电阻应变片粘贴在中心孔内凹槽中心的位置上，主要应用于工矿企业电子吊秤、行车电子秤上，量程一般为几吨到几十吨。

（7）双剪切梁式传感器

双剪切梁式传感器也称桥式传感器，采用优质合金钢、表面镀镍工艺，综合精度高、安装简单、互换性好、长期稳定性好，主要适用于汽车衡、轨道衡、料斗秤及各种专用衡器，量程一般为几吨到几十吨。

（8）轮辐式拉压传感器

轮辐式拉压传感器采用钢质结构，可测量拉力和压力，具有良好的自然线性、抗偏载能力强、精度高、外形高度低和安装方便稳定等特点，主要应用于料斗秤、汽车衡、轨道衡等，量程一般为几十千克到几十吨。

2. 称重传感器的选用方法

称重传感器在选用过程中一般要考虑以下问题：

1）使用的环境条件。如高温、粉尘、潮湿、电磁场和爆炸等，选用传感器时要考虑是否要密封，是否耐高温、抗腐蚀，引线连接是否要防水等。

2）安装要求。根据使用场合选用合适的传感器，有些场合就只能选用某种特定的称重传感器。

3）传感器的精度等级。精度等级通常由弹性体结构决定，以及处理过程中是否有线性补偿。

4）传感器的量程范围。估算被测物体的最大重量在多少，要想获得较准确的测量数值一般选择的量程是被测体最大重量的 2~2.5 倍。

5）传感器使用过程受温度影响的特性和蠕变特性。

3. 项目选用的称重传感器及其技术参数

考虑到教学及实施方便，本项目采用箱式传感器，量程为 2 kg，其技术参数如表 2-3 所示。

表 2-3　称重传感器技术参数

名　称	单　位	参　数
额定载荷（R.C.）	kg	1，2，5
灵敏度（R.O.）	mV/V	1±0.15

（续）

名　称	单　位	参　数
零点平衡	mV/V	±0.1
综合误差	%R.O.	±0.05
非线性	%R.O.	±0.05
滞后	%R.O.	±0.03
重复性	%R.O.	±0.03
蠕变（3min）	%R.O.	±0.1
正常工作温度范围	℃	−10…+50
温度对灵敏度影响	%R.O./10℃	±0.02
温度对零点影响	%R.O./10℃	±0.02
推荐激励电压	VDC	3~12
最大激励电压	VDC	15
输入阻抗	Ω	1000±10
输出阻抗	Ω	1000±3
绝缘阻抗	MΩ	>2000
安全过载	%R.C.	150
弹性元件材料		铝合金
防护等级		IP65
接线方式	激励	红：+　　黑：−
	信号	绿：+　　白：−

2.1.2 称重传感器接口电路设计

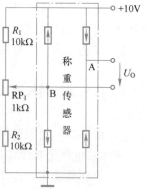

称重传感器 YCZ-133 内部有四个电阻应变片，对外有四个端子，分别为电源+、电源−、信号+和信号−，接上电源后，只要电阻应变片受到形变，就会有电压输出。

由表2-3中参数可以看出，传感器的灵敏度为1mV/V，量程为1kg，即当电源电压为1V、所加重物为1kg时，其输出电压为1mV；若电源电压为10V，则输出电压为10mV。

接口电路如图2-4所示，四个电阻应变片构成四臂全桥电路，电阻 R_1、R_2 和 RP_1 构成平衡调节电路。因传感器本身不能

图2-4 称重传感器接口电路

称重，必须装上秤盘，秤盘本身有质量，所有电子秤结构做好时，四个应变片并不平衡，通过调节平衡电路使得电子秤不加重物时，输出电压 U_0 为0V。

2.1.3 称重传感器 YCZ-133 接口电路仿真与测试

在 Proteus 中无专门的电阻应变片传感器，所以称重传感器的仿真通过可调电阻来模拟。

1. Proteus 电路设计

从 Proteus 元件库取出相关元器件：
- 普通电阻为 RES。
- 可调电阻为 POT-HG。

利用 Proteus 仿真软件绘制称重传感器接口电路仿真效果，如图 2-5 所示。

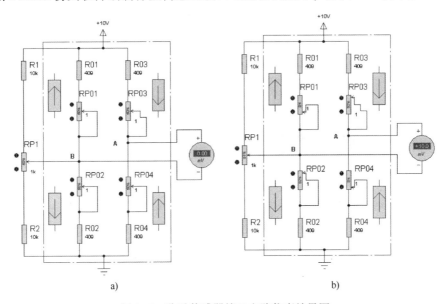

a)   b)

图 2-5　称重传感器接口电路仿真效果图

a）不加重物时模拟仿真效果　b）加 1 kg 重物时模拟仿真效果

2. YCZ-133 接口电路测试

（1）称重传感器仿真测试

电路绘制完成后，先模拟不加重物时的情况，即四个可调电阻都调到 50% 位置，电桥四个桥臂都为 410 Ω，此时，电桥输出电压为 0 mV，如图 2-5a 所示。当加重物时，四个桥臂的阻值将发生变化，可调电阻变化值约 30%，此时，输出电压为 10 mV，与理论结果一致，如图 2-5b 所示。

（2）YCZ-133 实物调试与测试

YCZ-133 称重传感器用支架安装，如图 2-6a 所示，按照图 2-4 连接电路。在不加重物（一般用砝码）时，调节 RP_1 使输出电压为 0 mV。测量加 0~1 kg 砝码时电路的输出电压，将数据填入表 2-4 中，并绘制电压-质量特性曲线，测量其灵敏度，并分析电桥电路的线性度。

表 2-4　称重传感器测试数据

质量/g	0	100	200	300	400	500	600	700	800	900	1000
输出电压/mV											

绘制电压-质量特性曲线。

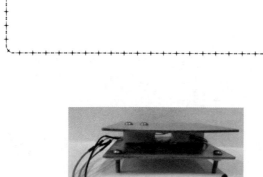

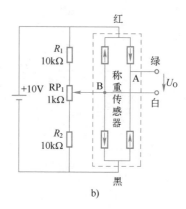

图 2-6　YCZ-133 称重传感器实物图和测试电路图

a) YCZ-133 称重传感器实物图（含支架）　b) YCZ-133 称重传感器电路连接图

讨论：

1) 根据表中数据可知，电桥电路的灵敏度为 ＿＿＿＿＿＿＿ 。

2) 根据绘制的特性曲线，电路的非线性误差为 ＿＿＿＿＿＿＿ 。

3) 当加 1 kg 砝码时，输出电压为 10 mV 吗？如果不是，请分析原因。

【应用与拓展】

若称重传感器的灵敏度为 2 mV/V，电源电压为 10 V，量程为 10 kg，称重传感器接口电路输出电压范围是多少？

任务 2.2　放大与调零电路设计与测试

【任务目标】

- 会根据传感器的特性选择合适的放大电路结构。
- 会根据项目要求确定电路的总放大倍数。
- 掌握放大电路的设计方法。
- 掌握放大电路元器件参数的确定方法。
- 会设计放大电路。
- 会制作、调试与测试放大电路的性能。

【任务学习】

2.2.1　放大与调零电路设计

1. 电路结构选择

　　放大与调零电路对传感器及接口电路输出信号的进行放大，由于信号中存在干扰，电路也应滤除干扰信号，提高测量精度，本任务主要讨论放大与调零电路。

　　由任务 2.1 可知，被测重物为 0~1 kg 时，称重传感器及接口电路输出电压范围是 0~10 mV，而项目要求输出电压为 0~5 V，可知电路总的放大倍数为 500 倍。对于测量放大器，要求其可调节范围为 400~600 倍。

　　通过查阅资料，由于称重传感器的输出阻抗较小，结合目前电子秤实际接口电路情况，一般采用高输入阻抗放大电路。由于电路放大倍数较大，目前比较流行的是采用三运放组成的仪表放大器（高共模抑制比放大器），要求其零点和增益的温度漂移和时间漂移极小。在实际应用中，一般要求前级电路采用高精度、低零漂集成运放，如 OP07；也可以采用专用仪表放大器，如：采用 INA128、AD620 等构成前级处理电路；第二级采用通用运放，实现整个电路零点漂移调节。由于传感器灵敏度很低，在放大的过程中会引入干扰，所以在每一级输入端应接滤波电容，最后加一级二阶有源低通滤波器，截止频率 30 Hz，放大倍数选 2，电路结构如图 2-7 所示。

图 2-7　放大与调零电路电阻测温仪简化结构框图

2. 电路原理图设计

　　根据前面的分析，本项目放大与调零电路原理图如图 2-8 所示，电路采用两级放大，第一级为 U_1、U_2、U_3 及电阻组成的仪表放大器，实现信号放大；第二级为 U_4 及外围元件组成的调零电路，调整零点漂移，放大倍数为 1；放大与调零电路总的放大倍数为 $A_u = \dfrac{500}{2} = 250$ 倍，从而实现将传感器输出的微弱信号放大为 0~2.5 V 的直流电压信号。

　　电路输出电压 U_{O1} 与输入电压（$V_A - V_B$）的关系为

$$U_{O1} = \left(1 + \frac{R_1 + R_2}{RP_1}\right)\frac{R_5}{R_3}\frac{R_9}{R_7}(V_A - V_B)$$

　　仪表放大器一般要求电路参数对称，即 $R_1 = R_2$、$R_3 = R_4$、$R_5 = R_6$，U_3、U_4 两级的放大倍数为 1，所以要求 $R_5 = R_3$、$R_7 = R_9$，则输出电压可以表示为

$$U_O = \left(1 + \frac{2R_1}{RP_1}\right)(V_A - V_B)$$

即

$$A_u = 1 + \frac{2R_1}{RP_1} = 250$$

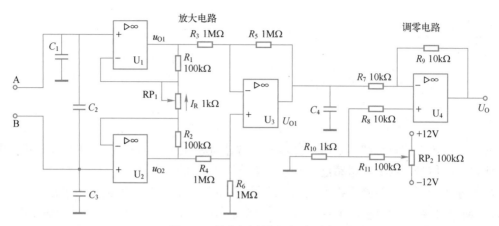

图 2-8 放大与调零电路原理图

RP$_1$为可调电阻，用于调节电路的放大倍数，其阻值不宜过大且要采用多圈电位器。A_u 的范围为 200~300 倍，RP$_1$大则电路增益小，若 RP$_1$选 1 kΩ，A_u 最小值选 200，则 R_2 的值约 为 100 kΩ。RP$_1$减小时，则放大倍数变大，能满足电路要求。

其他元器件的参数为

$R_1 = R_2 = 100\,k\Omega$

$R_3 = R_4 = R_5 = R_6 = 1\,M\Omega$

$R_9 = R_7 = R_8 = 10\,k\Omega$

调零电路元器件的参数为

$R_{10} = 1\,k\Omega$，$R_{11} = 100\,k\Omega$，RP$_2 = 100\,k\Omega$

电容 $C_1 \sim C_4$ 为滤除干扰信号，一般选 0.01 μF。

芯片选择通用芯片 LM358 实现，以简化电路。

【巩固与训练】

2.2.2 电路仿真测试

利用电路仿真软件 Proteus 进行仿真，以判断其性能是否达到要求。

1. Proteus 电路设计

从 Proteus 元件库取出相关元器件，主要元器件有：

- 电阻为 RES。
- 可调电阻为 POT-HG。
- 集成运放为 LM358。
- 电容为 CAP。

绘制仿真电路图，如图 2-9 所示。

2. 电路调试

（1）零点漂移调节

将输入端 A、B 短接，将放大倍数调节电位器 RP$_1$ 调到中间位置（50%位置），调

节调零电位器 RP_2，使电路输出电压 U_o 为零，如图 2-9a 所示，拆除 A、B 之间的短接线。

（2）满度调节

在输入端 A、B 之间接入 10 mV 电压信号（表示 1 kg，通过电阻分压来模拟称重传感器），调节放大倍数电位器 RP_2，使输出电压为 2.5 V，如图 2-9b 所示。

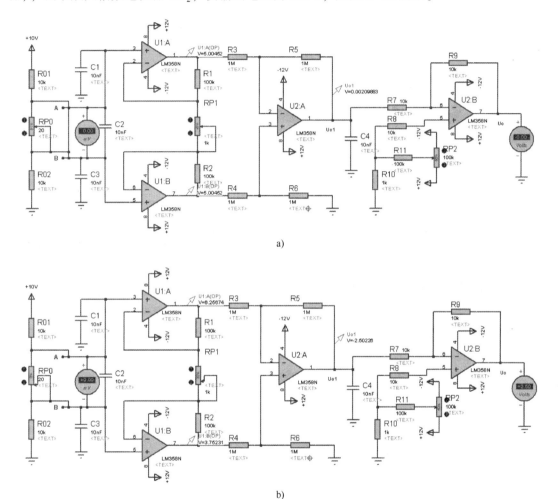

图 2-9   放大与调零电路仿真截图

a）输入电压为 0（代表 0 kg）时的仿真结果   b）输入电压为 10 mV 时电路的输出电压（2.5 V）

【应用与拓展】

1. 若称重范围为 0~5 kg，要求检测电路输出电压范围仍是 0~5 V，请计算电路参数并进行仿真测试。

2. 若称重范围为 0~100 kg，称重传感器的灵敏度为 2 mV/V，电源电压为 10 V，若要求输出电压是 0~3.3 V，能确定放大电路的参数吗？并进行仿真测试。

任务 2.3 滤波电路设计与测试

【任务目标】

- 会根据项目特点选择滤波器的类型。
- 掌握滤波器的设计方法。
- 掌握滤波器的参数的确定方法。
- 会测试滤波器的频率特性。

【任务学习】

2.3.1 滤波电波设计

1. 滤波电路结构选择

在实际应用中，考虑到各种干扰、电路的热噪声及放大器在放大信号时会产生干扰信号，本项目是直流放大电路，则要滤除各种高频干扰信号，包括交流电源产生的工频干扰，所以本项目应该采用截止频率为 30 Hz 的低通波器进行滤波。

低通滤波有压控电压源法和无限增益多路反馈法，在实际应用中，压控电压源法应用较多，本项目采用压控电压源法，其电路原理图如图 2-10 所示。

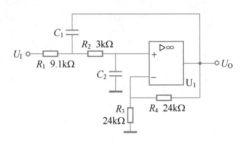

图 2-10 压控电压源法低通滤波电路原理图

2. 滤波电路参数设计

根据任务 2.2 中的电路分析，低通滤波器增益选 $k_p = 2$，m 取 $3/2$，截止频率选 30 Hz，电容 $C_1 = 0.8\ \mu F$，可得 $C_2 = mC_1 = 1.5 \times 0.8\ \mu F = 1.2\ \mu F$。

$$
\begin{aligned}
R_2 &= \frac{\xi}{mC_1\omega_0}\left[1+\sqrt{1+\frac{K_p-1-m}{\xi^2}}\right] \\
&= \frac{1/\sqrt{2}}{3/2 \times 0.8 \times 10^{-6} \times 2\pi \times 30}\left[1+\sqrt{1+\frac{2-1-3/2}{\left(1/\sqrt{2}\right)^2}}\right] \\
&\approx 3.1(k\Omega)
\end{aligned}
$$

$$R_1 = \frac{1}{mC_1^2\omega_0^2 R_2} = \frac{1}{3/2\times(0.8\times10^{-6})^2\times(2\times3.14\times30)^2\times3.1\times10^3}$$

$$\approx 9.4(\mathrm{k\Omega})$$

$$R_4 = k_p(R_1+R_2) = 2\times(9.4+3.1) = 25(\mathrm{k\Omega})$$

$$R_3 = \frac{R_4}{k_p-1} = \frac{25}{2-1} = 25(\mathrm{k\Omega})$$

通过查阅相关手册，$R_1=9.1\,\mathrm{k\Omega}$、$R_2=3\,\mathrm{k\Omega}$，故 R_3、R_4 均取 $24\,\mathrm{k\Omega}$，C_1 取 $0.82\,\mu\mathrm{F}$，C_2 取 $1.2\,\mu\mathrm{F}$。

【巩固与训练】

2.3.2　电路仿真测试

利用电路仿真软件 Proteus 进行仿真，以判断所设计电路的性能是否达到要求。

1. Proteus 电路设计

从 Proteus 元件库取出相关元器件，主要元器件有：

- 电阻为 RES。
- 集成运放为 LM358。
- 电容为 CAP。

从元件库中选择元器件，绘制仿真电路图，如图 2-11 所示。

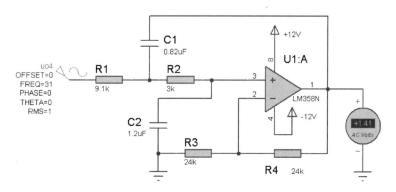

图 2-11　滤波电路 Proteus 仿真电路图

2. 电路参数测试

保持输入信号幅度为 1 V（U_{RMS} 有效值），频率变化范围为 10~39 Hz，步进为 1 Hz，测量输出电压，并记入表 2-5，绘制电压-频率特性曲线，标出电路的截止频率（输出电压幅度下降到最大值的 $1/\sqrt{2}$ 时对应的频率值）。

表 2-5　滤波电路频率特性测试数据记录表

输入信号频率/Hz	10	11	12	13	14	15	16	17	18	19
输出电压/V										
输入信号频率/Hz	20	21	22	23	24	25	26	27	28	29
输出电压/V										
输入信号频率/Hz	30	31	32	33	34	35	36	37	38	39
输出电压/V										

电压-频率特性曲线：

讨论：

1）根据表中数据确定电路的截止频率为_____。

2）输入电压为 1 V，输出电压为_____，电路的放大倍数为____，与设计值是否一致？_____。

【应用与拓展】

1. 在滤波电路设计中，若 m 取 1，其他参数不变，请计算电路参数，并进行仿真。

2. 滤波电路也可以用 Multisim 进行交流分析来测量其频率特性，该滤波器的 Multisim 交流分析结果如图 2-12 所示，其截止频率为 31 Hz，与设计要求（30 Hz）基本一致。

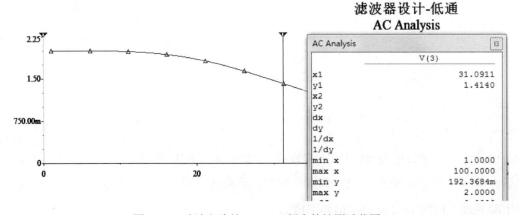

图 2-12　滤波电路的 Multisim 频率特性测试截图

任务 2.4   电子秤检测电路分析与测试

【任务目标】

- 会分析电子秤总体电路。
- 会分析电路工作原理。
- 理解电路的工作流程。
- 会测试电路的性能。

【任务学习】

2.4.1   电路设计与分析

结合前几个任务的电路设计，电子秤检测电路原理图如图 2-13 所示。

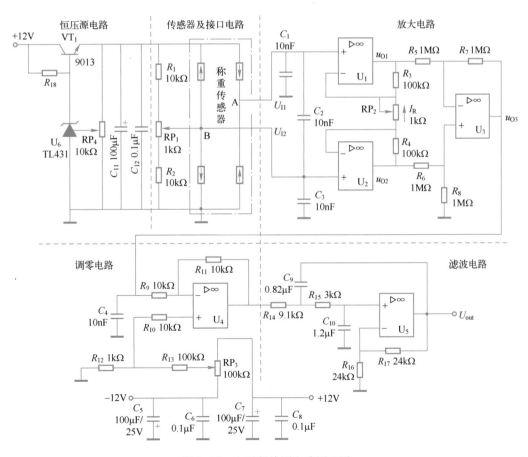

图 2-13   电子秤检测电路原理图

1. 称重传感器及其接口电路设计

本项目采用通用称重传感器 YCZ-133，该称重传感器的灵敏度为 1 mV/V，电源电压为 10 V，则满量程时输出电压为 10 mV，即当放 1 kg 重物时，输出电压为 10 mV。由于传感器安装到支架后，传感器上额外增加了秤盘等质量，四个应变片已经不平衡了，所以通过调节 R_1、R_2 和 RP_1，使得在秤盘上不加重物时，传感器及接口电路输出电压为 0 V。

2. 放大与调零电路设计

由于传感器及接口电路在满量程时输出电压为 10 mV，而项目要求满量程输出电压为 5 V，考虑到滤波电路放大两倍，所以放大与调零电路的放大倍数为 250 倍。

放大电路由两级放大电路组成，由 U_1、U_2、U_3 及 $R_3 \sim R_8$、RP_2 构成仪表放大电路和 U_4 及 $R_9 \sim R_{13}$、RP_3 实现调零。通过两级放大，将传感器输出的微弱信号放大成 $0 \sim 2.5$ V 的直流电压信号。

3. 滤波电路设计与分析

在实际应用中，各种电磁干扰、电路的热噪声及放大电路本身会产生高频干扰信号，采用压控电压源法构成低通波器滤波高频干扰信号，截止频率为 30 Hz，电路增益为 2，m 取 3/2，元器件取值分别为：$C_9 = 0.82\ \mu F$，$C_{10} = 1.2\ \mu F$，$R_{14} = 9.1\ k\Omega$，$R_{15} = 3\ k\Omega$，$R_{16} = R_{17} = 24\ k\Omega$。

4. 恒压源电路设计

本项目采用通用称重传感器，电源电压为 $3 \sim 12$ V，采用 10 V 电源供电。与项目 1 相同，仍采用 TL431 稳压。由于传感器的工作电流较大，约 30 mA，所以通过小功率晶体管 VT_1 来提供电流，R_{18} 的阻值只要提供给 TL431 的电流大于或等于 1 mA 即可，所以取 1 kΩ，通过调节 RP_4 来获得 10 V 的直流电压。

2.4.2 电子秤检测电路仿真与测试

电路设计完成后，通过软件仿真验证其性能是否达到设计要求，电路仿真利用 Proteus 软件实现。

1. Proteus 电路设计

从 Proteus 元件库取出相关元器件，主要元器件有：
- 电阻为 RES。
- 可调电阻为 POT-HG。
- 无极性电容为 CAP。
- 电解电容为 CAP-ELEC。
- 集成运放为 LM358。

绘制仿真电路图如图 2-14 所示。

2. 电路仿真调试

由于 Proteus 软件中没有称重传感器元件，通过电阻串联分压来获得 $0 \sim 10$ mV 的直流电压，加入仪表放大器的输入端来代替称重传感器。

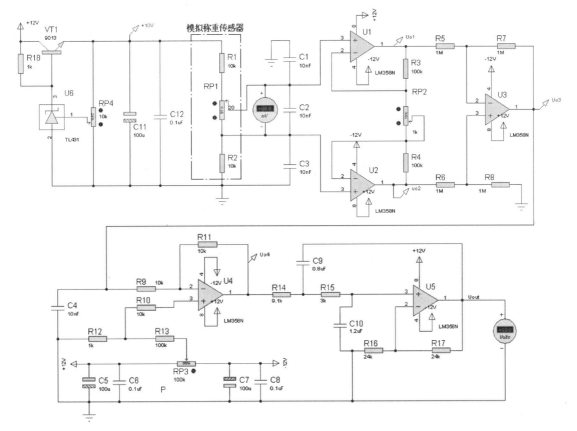

图 2-14　电子秤检测电路仿真电路图

运行仿真电路，先进行电路调试。调试步骤如下。

1）恒压源电路调试。单击"仿真"按钮，调节 RP_4，使恒压源电路输出电压为 10 V（C_{12} 两端电压）。

2）零点漂移调节。（停止仿真状态下）将增益电位器 RP_2 调节到中间位置，仪表放大器输入端 A、B 短接；单击仿真运行按钮，调节 RP_3，使检测电路输出电压为零。

3）传感器零点调节（不加重物）。将 RP_1 可调端调到最下边，此时，输出电压为零。

4）满度调节（传感器加额定称重物体）。调节 RP_1，使 A、B 两端电压为 10 mV（相当于在传感器上放 1 kg 重物），调节 RP_2，使电压表读数为 5 V。

3. 电路测试

电路调试完成后，对电路的性能进行测试。调节 RP_1，使 A、B 两端电压分别为 0～10 mV（即表示放 0～1 kg 重物），测量出电路的输出电压，并填入表 2-6，并绘制电压-质量特性曲线，计算灵敏度 S。

表 2-6　测量数据

质量/g	0	100	200	300	400	500	600	700	800	900	1000
A、B 间电压/mV	0	1	2	3	4	5	6	7	8	9	10
电压/V											

电压-质量特性曲线：

根据表 2-6 中数据计算系统的灵敏度：

$$K = \frac{\Delta U_\mathrm{O}}{\Delta k_\mathrm{g}} =$$

任务 2.5　电子秤检测电路制作与调试

【任务目标】

- 掌握电路制作、调试、参数测量方法。
- 会制作、调试和测量电路参数。
- 会正确使用仪器、仪表。
- 会调试整体电路。
- 注意工作现场的 6S 管理要求。

【任务学习】

任务 2.5　电子秤
检测电路制作
与调试

2.5.1　电路板设计与制作

根据现代电子产品的设计流程，硬件电路设计完成后，可以利用电路仿真软件进行电路仿真（任务 2.4 已完成），以判断电路功能是否满足设计要求。当然，也可以利用实物直接进行电路制作。

1. 电路板设计

硬件电路制作可以在万能板上进行排版、布线并直接焊接，也可以通过印制电路板设计软件（如 Protel、Altium Designer 等）设计印制电路板，在实验室条件下可以通过转印、激光或雕刻的方法制作电路板，具体方法请参阅其他资料。

2. 列元器件清单

根据电路原理图，列出元器件清单，如表 2-7 所示，以供元器件准备与查验。

表 2-7　元器件清单

序号	元器件名称	元器件标号	元器件型号或参数	数量
1	电阻	R_1、R_2、R_9、R_{10}、R_{11}	10 kΩ	5
2		R_3、R_4、R_{13}	100 kΩ	3
3		R_5、R_6、R_7、R_8	1 MΩ	4
4		R_{12}	1 kΩ	1
5		R_{14}	9.1 kΩ	1
6		R_{15}	3 kΩ	1
7		R_{16}、R_{17}	24 kΩ	2
8		R_{18}	1 kΩ	1
9	电位器（3296）	RP_1、RP_2	1 kΩ	2
10		RP_3	100 kΩ	1
11		RP_4	10 kΩ	1
12	电容	C_1、C_2、C_3、C_4	0.01 μF	4
13		C_6、C_8、C_{12}	0.1 μF	3
14		C_5、C_7、C_{11}	100 μF/25 V	3
15		C_9	0.82 μF	1
16		C_{10}	1.2 μF	1
17	晶体管	VT_1	9013	1
18	集成运放	U_1、U_2、U_3、U_4、U_5	LM358	3
19	集成电路	U_6	TL431	1
20	底座	U_1、U_2、U_3、U_4、U_5	DIP8	3
21	单排针		2.54 mm	11

3. 电路装配

（1）仪器工具准备

焊接工具一套、数字万用表一个、螺钉旋具一把。

（2）电路装配工艺

1）清点元器件。

根据表 2-7 的元器件清单，清点元器件数量，检测电阻参数、电解电容和瓷片电容等元器件参数是否正确。

2）焊接工艺。

要求焊点光滑，无漏焊、虚焊等；电阻、集成块底座、电位器、电解电容紧贴电路板，瓷片电容、晶体管引脚到电路板留 3~5 mm。

3）焊接顺序。

由低到高。本项目分别是电阻→集成块底座→排针→瓷片电容→晶体管（含 TL431）→电解电容→电位器。

注意：电解电容的正负极、三端集成稳压块 TL431 和集成块的方向等。

在电路制作的过程中，注意遵守职场的 6S 管理要求。

2.5.2 电路调试

1. 调试工具

- 砝码
- 双路直流稳压电源
- 万用表
- 螺钉旋具

2. 通电前检查

电路制作完成后，需要进行电路调试，以实现电路设计指标。在通电前，要检查电路是否存在虚焊、桥接等现象，更重要的是要通过万用表检查电源线与地之间是否存在短路现象。

3. 电路调试

电路的调试主要有三方面内容：恒压源电路调试、零点漂移调节、输出电压范围调试。具体的步骤如下。

1）恒压源电路调试。接通+12 V 电源，调节 RP_4，使恒压源电路输出电压为 10 V（C_{12} 两端电压）。

2）零点漂移调节。接通电源，将增益电位器 RP_2 调节到中间位置，差动放大器的正、负输入端短接，输出端 U_{out} 与电压表相连，调节 RP_3，使电压表读数为零，关闭电源。

3）传感器零点调节。将传感器接入放大电路，接通电源，在不加砝码的情况下，调节 RP_1 使电压表读数为 0 V。

4）在秤盘上放 1 kg 砝码，调节 RP_2，使电压表读数为 5 V。

重复步骤 3）、步骤 4）2~3 次，调试完成。

注意：步骤 2）完成后，RP_3 不可再调节。

【巩固与训练】

2.5.3 电子秤检测电路性能测试

电路调试完成后，其性能指标是否达到设计要求，需要通过对电路的参数进行分析才能确定。本项目主要测试精度和线性度两个指标。

电路调试完成后，对检测电路的性能进行测试，分别测量秤盘上放不同质量的砝码时检测电路的输出电压，填入表 2-8，绘制电压-质量特性曲线，并计算灵敏度 K。

表 2-8 实测电路参数表

砝码质量/g	0	100	200	300	400	500	600	700	800	900	1000
输出电压/mV											

绘制电压–质量特性曲线：

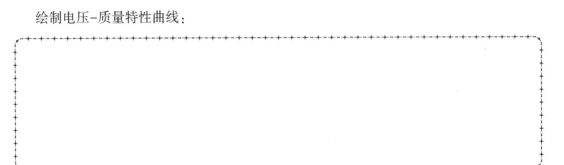

根据表 2-8 中数据计算系统的灵敏度：

$$K = \frac{\Delta U_O}{\Delta m} =$$

【应用与拓展】

若电子秤检测电路的称重范围是 $0 \sim 10\, \text{kg}$，输出电压仍为 $0 \sim 5\, \text{V}$，应如何调试电路，请写出电路调度过程。

相 关 知 识

2.6 称重传感器

2.6.1 电阻应变片传感器

1. 电阻应变片工作原理

（1）电阻应变片的基本结构

电阻应变片主要由基底、敏感器、覆盖层及引线四部分组成，如图 2-15a 所示。敏感器是应变片敏感元件；基底、覆盖层起定位和保护敏感元件的作用，并使敏感元件和被测试件之间绝缘；引线用以连接测量导线，图 2-15b 为其实物图。

（2）工作原理

电阻应变式传感器是利用了金属或半导体材料的"应变效应"实现检测的。金属和半导体的电阻值随它承受的机械形变大小而发生变化的现象称为应变效应。

设电阻丝长度为 L，截面积为 S，电阻率为 ρ，则其电阻值 R 为

$$R = \rho \frac{L}{S} \qquad (2\text{-}1)$$

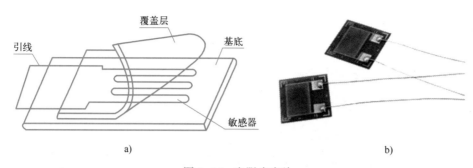

图 2-15　电阻应变片

a) 结构示意图　b) 实物图

当电阻丝受到拉力 F 作用时，其电阻值发生改变。材料电阻值的变化是由两方面原因引起的：一是受力后材料几何尺寸变化；二是受力后材料的电阻率也发生变化，应变效应原理示意图如图 2-16 所示。当圆形金属或半导体材料受到向右的拉力时，其长度变长为（$L+\Delta L$），截面积变小为（$S-\Delta S$），则其电阻值 R 将变大。

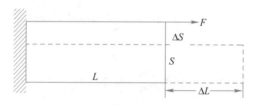

图 2-16　应变效应原理示意图

实验证明，在电阻丝拉伸极限内，电阻的相对变化与应变成正比，而应变与应力也成正比，这就是利用应变效应测量应变的基本原理。

2. 电阻应变片测量电路

应变片是将被测量（如力）的变化转变成电阻的变化来实现测量的，其相对变化为 $\Delta R/R$，还要进一步转换成电压或电流信号才能用电测仪表进行测量，这一转换通常采用直流电桥电路来实现。

根据所用的应变片传感器的数量不同，电桥可以分为单臂电桥、双臂半桥、双臂全桥和四臂全桥四种形式。由于制造工艺的改进，应变片的价格已下降很多，目前通常采用四臂全桥检测电路。下面分析应变片传感器工作于单臂电桥和四臂全桥时的情况。

（1）单臂电桥

图 2-17 为单臂电桥电路，其中 R_2 为电阻应变片，其他电阻为固定电阻，且一般为等臂电桥，即应变片在初始状态下，$R_1=R_2=R_3=R_4=R$，此时电桥输出电压为

$$U_0=E\left(\frac{R_2}{R_1+R_2}-\frac{R_3}{R_3+R_4}\right) \qquad (2-2)$$

在初始状态下，四个电阻阻值相等，即电桥输出电压为零。

应变片受外力作用时，$R_2=R+\Delta R$（图中箭头向上表示发生应变时电阻值增加），此时电桥输出电压为

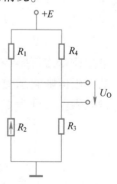

图 2-17　单臂电桥

$$U_0 = E\left(\frac{R_2+\Delta R}{R_1+R_2+\Delta R} - \frac{R_3}{R_3+R_4}\right) \tag{2-3}$$

$$= E\left(\frac{R+\Delta R}{2R+\Delta R} - \frac{1}{2}\right)$$

$$= \frac{E\Delta R}{2(2R+\Delta R)} \tag{2-4}$$

一般情况下，$\Delta R \ll 2R$，则

$$U_0 \approx \frac{\Delta R}{4R}E \tag{2-5}$$

由式（2-5）可知，系统总灵敏度为

$$K = \frac{1}{4}\frac{\Delta R}{R}$$

结论：

1）由于电桥在小偏差（ΔR 很小）的情况下工作，其灵敏度很低。

2）由式（2-4）可知，ΔR 在分母上，因此单臂电桥工作时带有非线性。

3）电桥输出电压 U_0 与电桥供电电源电压 E 成正比关系。因此，电源电压的波动对输出电压影响比较大，故要求使用稳定性比较高的电源作为电桥供电电源。

4）实际应用中常用恒流源作为电桥供电电源，以提高系统精度。

5）另外，电阻应变片与固定电阻的温度系数不一定相同，所以要进行温度补偿。

（2）四臂全桥

针对单臂电桥使用时存在的问题，在工程实际中通常采用四臂全桥实现信号检测，如图 2-18 所示。图中四个电阻全为应变片，箭头方向代表受应变时其阻值变化情况。

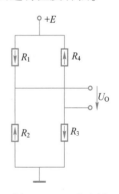

图 2-18 四臂全桥

初始状态下，四个应变片阻值相等，所以电桥输出电压为零。当受到应变时，$R_1 = R_1 - \Delta R$，$R_2 = R_2 + \Delta R$，$R_3 = R_3 - \Delta R$，$R_4 = R_4 + \Delta R$，此时电桥输出电压为

$$U_0 = E\left(\frac{R_2+\Delta R}{R_1-\Delta R+R_2+\Delta R} - \frac{R_3+\Delta R}{R_3-\Delta R+R_4+\Delta R}\right) \tag{2-6}$$

因 $R_1 = R_2 = R_3 = R_4 = R$，所以

$$U_0 = E\left(\frac{R+\Delta R}{2R} - \frac{R-\Delta R}{2R}\right) \tag{2-7}$$

$$= E\frac{\Delta R}{R} \tag{2-8}$$

由式（2-8）可知，电桥灵敏度为

$$K = \frac{\Delta R}{R}$$

结论：

与单臂电桥相比，四臂全桥具有下面几个特性。

1）工作于四臂全桥时，电路灵敏度是单臂电桥的四倍。

2）由式（2-6）~式（2-8）可知，全桥没有非线性。

3）四个应变片的温度系数一般相同，因此电桥自身可实现温度补偿。

2.6.2 电感式传感器

电感式传感器是利用电磁感应原理将被测非电量转换成线圈自感或互感量变化的一种装置，凡是能够转换成位移的参数都可被检测，例如力、压力、振动、尺寸、转速、计数测量和零件裂纹等缺陷的无损探伤等。由于它具有结构简单、工作可靠、灵敏度和分辨率高、重复性好、线性度优良等特点，因此得到广泛的应用。电感式传感器的缺点是存在交流零位信号及不宜用于高频动态测量等。

电感式传感器的特点如下。

1）结构简单、工作可靠。

2）灵敏度高，能分辨 0.01 μm 的位移变化。

3）测量精度高、零点稳定、输出功率较大。

4）可实现信息的远距离传输、记录、显示和控制。

5）在工业自动控制系统中被广泛采用。

6）灵敏度、线性度和测量范围相互制约。

7）传感器自身频率响应低，不适用于快速动态测量。

电感式传感器按工作原理可分为自感式（变磁阻式）、互感式（变压器式）和电涡流式三种。

1. 变磁阻式传感器

变磁阻式传感器由线圈、铁心和衔铁三部分组成。铁心和衔铁由导磁材料制成。

在铁心和衔铁之间有气隙，传感器的运动部分与衔铁相连。当衔铁移动时，气隙厚度 δ 发生改变，引起磁路中磁阻变化，从而导致电感线圈的电感值变化，因此只要能测出这种电感量的变化，就能确定衔铁位移量的大小和方向。

可变磁阻式传感器的结构原理如图 2-19 所示，在铁心和衔铁之间有空气隙 δ。根据电磁感应定律，当线圈中通以电流 i 时，产生磁通 Φ_m，其大小与电流成正比，即

$$N\Phi_m = Li \qquad (2-9)$$

式中，N 为线圈匝数；L 为线圈电感，单位为 H。

根据磁路欧姆定律，磁通 Φ_m 为

$$\Phi_m = \frac{Ni}{R_m} \qquad (2-10)$$

式中，Ni 为磁动势，单位为 A；R_m 为磁阻，单位为 H^{-1}。

由此可得，线圈电感（自感）可用下式计算：

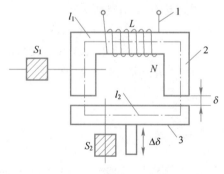

图 2-19 变磁阻式传感器
1—线圈 2—铁心 3—衔铁

$$L = \frac{N^2}{R_m} \qquad (2-11)$$

如果空气隙 δ 较小，而且不考虑磁路的铁损时，则磁路总磁阻为

$$R_{\mathrm{m}} = \frac{l}{\mu s} + \frac{2\delta}{\mu_0 S_0} \tag{2-12}$$

式中，l 为导磁体（铁心）的长度，单位为 m；μ 为铁心磁导率，单位为 H/m；s 为铁心导磁横截面积，单位为 m^2；δ 为空气隙长度，单位为 m；μ_0 为空气磁导率，单位为 H/m；S_0 为空气隙导磁横截面积，单位为 m^2。

因为 $\mu > \mu_0$，则

$$R_{\mathrm{m}} \approx \frac{2\delta}{\mu_0 S_0} \tag{2-13}$$

因此，自感 L 可写为

$$L = \frac{N^2 \mu_0 S_0}{2\delta} \tag{2-14}$$

式（2-14）表明，自感 L 与空气隙 δ 成反比，而与空气隙导磁截面积 S_0 成正比。当固定 S_0 不变，变化 δ 时，L 与 δ 呈非线性（双曲线）关系。此时，传感器的灵敏度为

$$K = \frac{\mathrm{d}L}{\mathrm{d}\delta} = -\frac{N^2 \mu_0 S_0}{2\delta^2} \tag{2-15}$$

灵敏度 K 与气隙长度的平方成反比，δ 越小，灵敏度越高。由于 K 不是常数，故会出现非线性误差，为了减小这一误差，通常规定 δ 在较小的范围内工作。例如，若间隙变化范围为 $(\delta_0, \delta_0+\Delta\delta)$，则灵敏度为

$$K = -\frac{N^2 \mu_0 S_0}{2\delta^2} = -\frac{N^2 \mu_0 S_0}{2(\delta+\delta_0)^2} \approx -\frac{N^2 \mu_0 S_0}{2\delta^2}\left(1 - 2\frac{\Delta\delta}{\delta_0}\right) \tag{2-16}$$

由上式可以看出，当 $\delta \ll \delta_0$ 时，由于

$$1 - 2\frac{\Delta\delta}{\delta_0} \approx 1 \tag{2-17}$$

故灵敏度趋于定值，即输出与输入近似呈线性关系。实际应用中，一般取 $\frac{\Delta\delta}{\delta_0} \leqslant 0.1$。这种传感器适用于较小位移的测量，一般为 0.001~1 mm。

2. 差动变压器式传感器

把被测的非电量变化转换为线圈互感变化的传感器称为互感式传感器。这种传感器是根据变压器的基本原理制成的，并且二次绕组用差动形式连接，故称差动变压器式传感器。差动变压器结构形式有变隙式、变面积式和螺线管式等。

在非电量测量中，应用最多的是螺线管式差动变压器式传感器，它可以测量 1~100 mm 的机械位移，并具有测量精度高、灵敏度高、结构简单和性能可靠等优点。

闭磁路变隙式差动变压器式传感器的结构如图 2-20 所示，在 A、B 两个铁心上绕有两个一次绕组 $N_{1a} = N_{1b} = N_1$ 和两个二次绕组 $N_{2a} = N_{2b} = N_2$，两个一次绕组的同名端顺向串联，而两个二次绕组的同名端则反相串联。

当没有位移时，衔铁 C 处于初始平衡位置，它与两个铁心的间隙有 $\delta_{a0} = \delta_{b0} = \delta_0$，则绕组 W_{1a} 和 W_{2a} 间的互感 M_a 与绕组 W_{1b} 和 W_{2b} 的互感 M_b 相等，致使两个二次绕组的互感电势相等，即 $e_{2a} = e_{2b}$。由于二次绕组反相串联，因此，差动变压器输出电压 $u_o = e_{2a} - e_{2b} = 0$。

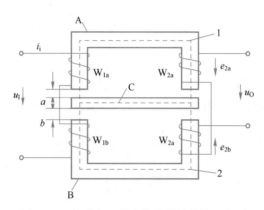

图 2-20　差动变压器式传感器的结构示意图

当被测体有位移时，与被测体相连的衔铁的位置将发生相应的变化，使 $\delta_a \neq \delta_b$，互感 $M_a \neq M_b$，两二次绕组的互感电势 $e_{2a} \neq e_{2b}$，输出电压 $u_o = e_{2a} - e_{2b} \neq 0$，即差动变压器有电压输出，输出电压的大小与极性反映被测体位移的大小和方向。

3. 螺线管式传感器

螺线管式电感传感器的结构示意图如图 2-21 所示。

两个二次绕组反相串联，并且在忽略铁损、导磁体磁阻和线圈分布电容的理想条件下，其等效电路如图 2-22 所示。当一次绕组加以励磁电压 u 时，根据变压器的工作原理，在两个二次绕组 W_{2a} 和 W_{2b} 中便会产生感应电势 e_{2a} 和 e_{2b}。如果工艺上保证变压器结构完全对称，则当活动衔铁处于初始平衡位置时，必然会使内互感系数 $M_1 = M_2$。根据电磁感应原理，将有 $e_{2a} = e_{2b}$。由于变压器两个二次绕组反相串联，因而 $u_o = e_{2a} - e_{2b} = 0$，即差动变压器输出电压为零。

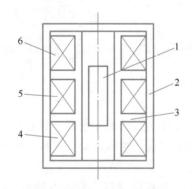

图 2-21　螺线管式差动变压器示意图
1—活动衔铁　2—导磁外壳　3—骨架
4—二次绕组 2　5—一次绕组　6—二次绕组 1

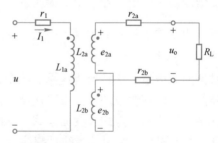

图 2-22　螺线管式电感传感器等效电路

4. 电涡流传感器

电涡流磁传感器是利用电涡流效应制成的传感器，主要由线圈和金属块组成，也称为电涡流金属传感器，可以测量被测对象表面为金属的多种相关物理量，如位移、厚度、速度、应力、材料损伤等。

（1）电涡流效应

当金属材料处于变化着的磁场中或在磁场中运动时，金属导体表面就会产生感应电流且呈闭合回路，类似于水涡流形状，故称之为电涡流，此现象称为电涡流效应。如图 2-23 中，有一个传感器励磁线圈，当通有交变电流 i_1 时，线圈周围就会产生一个交变磁场 H_1。根据经典电磁理论和麦克斯韦方程组，可以得到磁感应强度与线圈轴向距离的关系式，还可以根据毕奥沙伐拉普斯定律得到单匝载流电流为 i_1，圆导线在轴向上的磁感应强度为

$$B_1 = \frac{\mu_0 i_1}{2} \cdot \frac{r^2}{(x^2+r^2)^{3/2}}$$

式中，B 的单位是特斯拉，r 为载流线圈半径，x 为线圈与金属导体间的轴向距离。

由上式可知，磁场强度 H_1（单位是安培·米）在轴向距离上的分布就与励磁电流和线圈半径有关。若被测导体置于该磁场内，其表面会产生电涡流 i_2，i_2 又产生新磁场 H_2，其方向与 H_1 相反，会抵消部分原磁场，从而导致线圈的电感量 L、阻抗 Z 和品质因数 Q 等发生改变。而一般这些因素的变化与导体的几何形状、电导率和磁导率有关，也与线圈的几何参数、电流的频率及线圈到被测导体的距离有关。通过控制上述几种参数中一种参数发生变化，其余参数都不变，设计成测量某种物理量的传感器。也可以将其他非电量转化为阻抗的变化，从而完成非电量的测量工作。

（2）电涡流传感器在位移测量中的应用

电涡流传感器主要由产生交变磁场的通电线圈和置于线圈附近的金属导体两部分组成。

图 2-24 为位移测量的原理示意图，其中 1 为被测导体，2 为传感器线圈。随着传感器线圈与导体平面之间间隙的变化，会引起涡流效应的变化，从而导致线圈电感、阻抗和品质因数变化。该线圈的阻抗 Z 是被测金属的磁导率 σ、距离 x、线圈半径 r、励磁电流强度 i 和频率 f 的函数，当其他参数固定时，即进行位移测量，只要能将被测量转换成位移的就可以使用电涡流传感器进行测量。

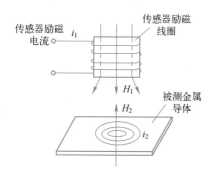

图 2-23　电涡流效应示意图

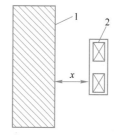

图 2-24　位移测量原理示意图

2.6.3　电容式传感器

1. 电容式传感器的特性

一个无限大平行平板电容器的电容值可表示为

$$C = \varepsilon \frac{S}{d} \tag{2-18}$$

式中，ε 为平行平板间介质的介电常数，$\varepsilon = \varepsilon_0 \varepsilon_r$；$d$ 为极板的间距；S 为极板的覆盖面积。

由式（2-18）可知，决定电容量的有三个参数，若保持其中两个参数不变，通过被测量改变另一个参数，就可把被测量的变化转换成电容量的变化，这就是电容式传感器的基本工作原理。

2. 三种基本类型

根据电容式传感器的基本特性，电容式传感器可以分为变极距型、变面积型和变介电常数型三种类型。

（1）变极距型电容式传感器

图 2-25a 为变极距型电容式传感器示意图，图中极板 1 固定不动，极板 2 为可动电极（动片）。当动片随被测量变化而移动时，使两极板间距变化，从而使电容量产生变化。

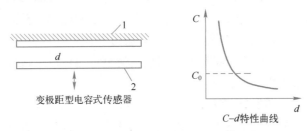

图 2-25　变极距型电容式传感器结构示意图

设 ε、S 不变，两极板之间的初始间距为 d，初始其电容量 C_0 为

$$C_0 = \frac{\varepsilon S}{d} \tag{2-19}$$

当电容传感器动片因外力而变化时（设极板 2 上移 Δd），则电容量变化量为

$$\Delta C = \frac{\varepsilon S}{d - \Delta d} - \frac{\varepsilon S}{d} = \frac{\varepsilon S}{d} \cdot \frac{\Delta d}{d - \Delta d} = C_0 \frac{\Delta d}{d - \Delta d} \tag{2-20}$$

因 $\Delta d \ll d$，所以

$$\Delta C \approx C_0 \frac{\Delta d}{d} \tag{2-21}$$

由式（2-20）和式（2-21）可知，变极距型电容式传感器存在着理论非线性，所以实际应用中，为了改善非线性、提高灵敏度和减小外界因素（如电源电压、环境温度）的影响，常常做成差动式结构或采用适当的测量电路来改善其非线性。

（2）变面积型电容式传感器

当保持电容 d、ε 不变时，通过改变 S 来改变电容量 C，即构成变面积型电容传感器。变面积型传感器根据结构不同，有平板形、旋转形和圆柱形三种类型。

平板形结构对极距变化特别敏感，测量精度受到影响。而圆柱形结构受极板径向变化的影响很小，成为实际中最常采用的结构，其中线位移单组式的电容量 C 在忽略边缘效应时为

$$C = \frac{2\pi \varepsilon \cdot l}{\ln\left(\dfrac{r_2}{r_1}\right)} \tag{2-22}$$

式中，l 为外圆筒与内圆柱覆盖部分的长度；r_2、r_1 为圆筒内半径和内圆柱外半径。

当两圆筒相对移动 Δl 时，电容变化量 ΔC 为

$$\Delta C = \frac{2\pi\varepsilon l}{\ln\left(\frac{r_2}{r_1}\right)} - \frac{2\pi\varepsilon(l-\Delta l)}{\ln\left(\frac{r_2}{r_1}\right)} = \frac{2\pi\varepsilon\Delta l}{\ln\left(\frac{r_2}{r_1}\right)} = C_0\frac{\Delta l}{l} \tag{2-23}$$

这类传感器具有良好的线性，大多用来检测位移等参数。

（3）变介电常数型电容式传感器

若保持电容 d、S 不变时，通过改变 ε 来改变电容量 C，即构成变介电常数型电容式传感器。

变介电常数型电容式传感器大多用来测量电介质的厚度、液位，还可根据极间介质的介电常数随温度、湿度的改变而改变的特性来测量介质材料的温度、湿度等。

若忽略边缘效应，单组式平板形厚度传感器结构示意图如图 2-26 所示，传感器的电容量与厚度的关系为

$$C = \frac{S}{\frac{\delta-\delta_x}{\varepsilon_0} - \frac{\delta_x}{\varepsilon}} \tag{2-24}$$

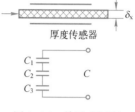

图 2-26 单组式厚度传感器示意图

2.7 特殊放大器设计与仿真

2.7.1 高共模抑制比放大电路设计与仿真

来自传感器的信号通常都伴随着很大的共模电压（干扰电压常为共模电压），一般采用差动输入集成运算放大器来抑制它，但是必须要求外接电阻完全平衡对称，运算放大器具有理想特性，否则，放大器将有共模误差输出，其大小既与外接电阻对称精度有关，又与运算放大器本身的共模抑制能力有关。一般运算放大器共模抑制比可达 80 dB，而采用由几个集成运算放大器组成的测量放大电路，共模抑制比可达 100~120 dB。

1. 双运放高共模抑制比放大电路

图 2-27 中是由两个运算放大器组成共模抑制比约 100 dB 的差动放大电路。

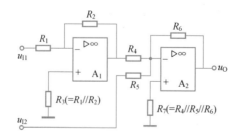

图 2-27 反相串联结构型高共模抑制比放大电路

（1）反相串联结构型

图 2-27 为反相串联结构型差动放大电路，运放 A_1 构成反相放大电路，A_2 构成反相加法电路。

则

$$u_{O1} = -\frac{R_2}{R_1}u_{I1} \tag{2-25}$$

$$u_O = -\frac{R_6}{R_4}u_{O1} - \frac{R_6}{R_5}u_{I2} \tag{2-26}$$

将式（2-25）代入式（2-26）可得

$$u_O = -\frac{R_6}{R_4}\left(-\frac{R_2}{R_1}u_{I1}\right) - \frac{R_6}{R_5}u_{I2}$$

$$= \frac{R_6}{R_4}\frac{R_2}{R_1}u_{I1} - \frac{R_6}{R_5}u_{I2} \tag{2-27}$$

为了抑制共模信号，即当输入共模信号（即 $u_{I1}=u_{I2}$）时，$u_O=0$，可得

$$\frac{R_2}{R_1} = \frac{R_4}{R_5} \tag{2-28}$$

即 $R_2/R_1 = R_4/R_5$，可以抑制共模信号。由此可见，该电路的共模抑制能力只与外接电阻的对称精度有关，但电路的输入阻抗低。为了使 u_{I1}、u_{I2} 负载相同，通常取 $R_1=R_5$、$R_2=R_4$。此时，差模输出电压与输入电压的关系为

$$u_O = \frac{R_6}{R_5}(u_{I1} - u_{I2}) \tag{2-29}$$

若取 $R_1=R_5=10\,\mathrm{k\Omega}$、$R_2=R_4=20\,\mathrm{k\Omega}$、$R_6=100\,\mathrm{k\Omega}$（差模增益为 10 倍），该电路输入共模信号和差模信号的 Proteus 仿真效果如图 2-28 所示。

（2）同相串联结构型

图 2-29 是同相串联结构型差动放大电路，A_1 为同相放大电路，其输出电压为

$$u_{O1} = \left(1 + \frac{R_2}{R_1}\right)u_{I1} \tag{2-30}$$

根据虚断原理，流过 R_3、R_4 的电流相等，则

$$\frac{u_{O1} - u_{I2}}{R_3} = \frac{u_{I2} - u_O}{R_4} \tag{2-31}$$

将式（2-30）代入式（2-31），可得

$$u_O = \left(1 + \frac{R_4}{R_3}\right)u_{I2} - \left(1 + \frac{R_2}{R_1}\right)\frac{R_4}{R_3}u_{I1} \tag{2-32}$$

因输入共模电压 $u_{Ic} = (u_{I1}+u_{I2})/2$，输入差模电压 $u_{Id} = u_{I2}-u_{I1}$，可将式（2-32）改写为

$$u_O = \left(1 - \frac{R_2 R_4}{R_1 R_3}\right)u_{Ic} + \frac{1}{2}\left(1 + \frac{2R_4}{R_3} + \frac{R_2 R_4}{R_1 R_3}\right)u_{Id} \tag{2-33}$$

为了抑制共模增益，则式（2-33）右边第一项必须为零，可得

$$\frac{R_1}{R_2} = \frac{R_4}{R_3} \tag{2-34}$$

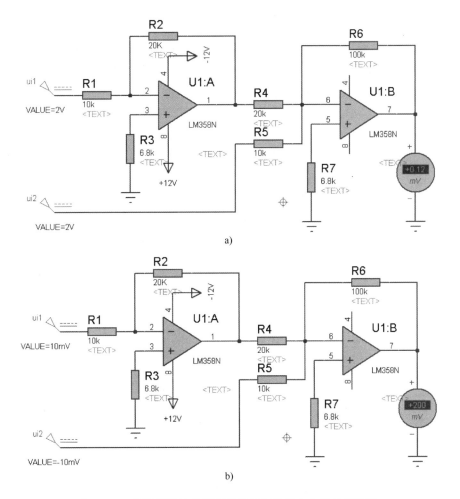

图 2-28　反相串联结构型高共模抑制比放大电路仿真结果

a）输入 2 V 共模信号时的仿真结果　b）输入+10 mV 和−10 mV 差模信号时的仿真结果（放大 10 倍）

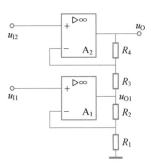

图 2-29　同相串联结构型高共模抑制比放大电路

此时，差模输出电压与输入电压的关系为

$$u_{O} = \left(1 + \frac{R_4}{R_3}\right)(u_{I1} - u_{I2}) \tag{2-35}$$

该电路采用了两个同相输入的运算放大器，因而具有极高的输入阻抗，同时也可以抑制共模信号，读者可通过仿真软件进行仿真，观察其抑制模信号的效果。

2. 三运放高共模抑制比放大电路（仪表放大器）

图 2-30 所示电路是广泛应用的三运放高共模抑制比放大电路，也称仪表放大器。它由三个集成运算放大器组成，其中 A_1、A_2 为两个性能一致（主要指输入阻抗、共模抑制比和增益）的同相输入通用集成运算放大器，构成平衡对称（或称同相并联型）差动放大输入级，A_3 构成双端输入单端输出的输出级，用来进一步抑制 A_1、A_2 的共模信号，并适应接地负载的需要。

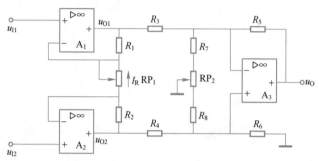

图 2-30 三运放高共模抑制比放大电路

由虚短、虚断的概念可得，流过 R_1、RP_1 和 R_2 的电流相等，即 I_R 为

$$I_R = \frac{u_{I2} - u_{I1}}{RP_1} \tag{2-36}$$

由此求得

$$
\begin{aligned}
u_{O2} - u_{O1} &= I_R \times (RP_1 + R_1 + R_2) \\
&= \frac{u_{I2} - u_{I1}}{RP_1} \times (RP_1 + R_1 + R_2) \\
&= \frac{(RP_1 + R_1 + R_2)}{RP_1} \times (u_{I2} - u_{I1})
\end{aligned} \tag{2-37}
$$

A_3 为差动放大器，则

$$
\begin{aligned}
u_O &= \frac{R_5}{R_3} \times (u_{O2} - u_{O1}) \\
&= \frac{R_5}{R_3} \frac{(RP_1 + R_1 + R_2)}{RP_1} (u_{I2} - u_{I1})
\end{aligned} \tag{2-38}
$$

由式（2-38）可知，当 A_1、A_2 性能一致时，电路输出及差模增益只与差模输入电压有关，而其共模输出、失调及漂移均在 RP_1 两端相互抵消，因此电路具有良好的共模抑制能力，同时不要求外部电阻匹配。但为了消除 A_1、A_2 偏置电流等的影响，通常取 $R_1 = R_2$。则

$$u_O = \frac{R_5}{R_3} \left(1 + \frac{2R_1}{RP_1} \right) (u_{I2} - u_{I1}) \tag{2-39}$$

另外，这种电路还具有增益调节能力，调节 RP_1 可以改变增益而不影响电路的对称性。

如果在 A_3 的两输入端之间接 R_7、R_8 和 RP_2 共模补偿电路，通过调节 RP_2，则可补偿电阻的不对称，获得更高的共模抑制比。

如果 A_1、A_2 和 A_3 选用高精度、低漂移的集成运算放大器（如 4E325），那么，该电路可获得相当优良的性能。

由于该放大电路性能优良，很多集成电路制造商设计制造了专用的仪表放大器芯片，如 AD620、AD8237、INA118 和 INA333 等，INA118 的内部结构框图如图 2-31 所示。

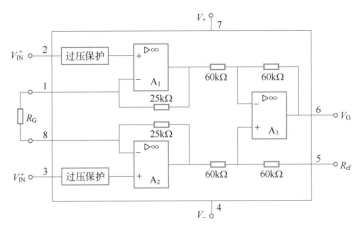

图 2-31　INA118 内部结构框图

2.7.2　高输入
阻抗放大电路
设计与仿真

2.7.2　高输入阻抗放大电路设计与仿真

1. 提高放大电路输入阻抗的方法

有些传感器（如电容式、压电式）的输出阻抗很高，可达 $10^8\ \Omega$ 以上，这就要求其测量放大电路具有很高的输入阻抗。开环集成运算放大器的输入阻抗通常都很高，反相（或差动）运算放大电路的输入阻抗远低于同相运算放大电路，为了提高其输入阻抗，可在输入端加接电压跟随器，但这样会引入跟随器的共模误差。在要求较高的场合下，可采用高输入阻抗集成运算放大器，也可以采用由通用集成运算放大器组成的自举电路。

2. 高输入阻抗集成运算放大器应用注意事项

采用 MOSFET 作为输入级的集成运算放大器，如 CA3140、CA3260 等，其输入阻抗高达 $1.5\times10^6\ \mathrm{M\Omega}$；采用 FET 作为输入级的集成运算放大器，如 LF356/A、LF412、LM310 和 LF444 等，其输入阻抗为 $10^6\ \mathrm{M\Omega}$。与采用 MOSFET 作为输入级的放大器相比，采用 FET 作为输入级的放大器性能稳定且不易损坏。ICL7613、ICL7641B/C 是 CMOS 型运算放大器，输入阻抗约为 $10^6\ \mathrm{M\Omega}$，其中 ICL7613（F7613）的电路中还设置了输入过电压（±200 V）保护及偏置调节电路，在输出级则有输出过电压保护稳压管和相位补偿用电容，具有高输入阻抗、低失调、低漂移、高稳定性和低功耗（在 ±0.5 V 的低电源电压情况下仍能正常工作，电流可低至 10 μA）等优点。选用这类集成运算放大器时，还应注意其他技术指标，以满足使用要求。

高输入阻抗集成运算放大器安装在印制电路板上时，会因周围的漏电流流入高输入阻抗而形成干扰。通常采用屏蔽方法对抗此干扰，即在运算放大器的高阻抗输入端周围用导体将其围住，构成屏蔽层，并把屏蔽层接到低阻抗处，如图 2-32 所示。图 2-32a、图 2-32b 和图 2-32c 分别为电压跟随器、同相放大器和反相放大器输入的屏蔽。这样，屏蔽层与高阻抗之间几乎无电位差，从而防止了漏电流的流入。

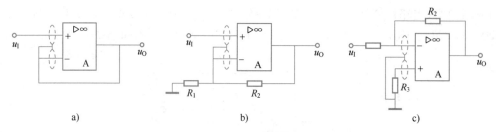

图 2-32　高输入阻抗集成运算放大器及屏蔽

a) 电压跟随器　b) 同相放大器　c) 反相放大器

3. 自举式高输入阻抗放大电路

图 2-33 所示是三种常用的自举式高输入阻抗放大电路。图 2-33a 是同相交流放大电路，图 2-33b 是同相交流电压跟随器，由于它们的同相输入端接有隔直电容 C_1 的放电电阻 R（图中为 R_1+R_2），因此电路的输入电阻在没有接入电容 C_2 时将减为 R。为了使同相交流放大电路仍具有高的输入阻抗，可采用反馈的方法，通过电容 C_2 将运算放大器两输入端之间的交流电压作用于电阻 R_1 的两端。由于处于理想工作状态的运算放大器两输入端是虚短的（即近似等电位），因此 R_1 的两端等电位，没有信号电流流过 R_1，故对交流信号而言，R_1 可看作无穷大。为了减小失调电压，反馈电阻 R_3 应与 R（即 R_1+R_2）相等。

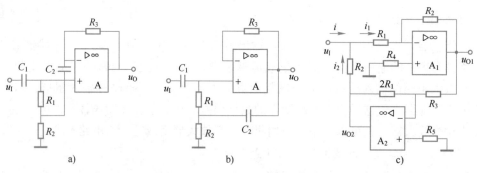

图 2-33　自举式高输入阻抗放大电路

a) 同相交流放大电路　b) 同相交流电压跟随器　c) 自举组合电路

这种利用反馈使 R_1 的下端电位提到与输入端等电位，来减小向输入回路索取电流，从而提高输入阻抗的电路称为自举电路。图 2-33c 所示为由两个通用集成运算放大器 A_1、A_2 构成的自举组合电路。设 A_1、A_2 为理想运算放大器，由电路得

$$u_{O1}=-\frac{R_3}{R_1}u_I, \quad u_{O2}=-\frac{2R_1}{R_3}u_{O1}=2u_I$$

$$i_1=\frac{u_I}{R_1}, \quad i_2=\frac{u_{O2}-u_I}{R_2}=\frac{u_I}{R_2}$$

$$i=i_1-i_2=\frac{u_I}{R_1}-\frac{u_I}{R_2}=\frac{R_2-R_1}{R_1R_2}u_I$$

输入电阻则为

$$R_I=\frac{u_I}{i}=\frac{R_1R_2}{R_2-R_1}$$

当 $R_2 = R_1$ 时，$R_1 = \dfrac{u_1}{i} \longrightarrow \infty$

且
$$i_2 = \frac{u_1}{R_1} = \frac{u_1}{R_2} = i_1$$

上式表明，运算放大器 A_1 的输入电流 i_1 将全部由 A_2 电路的电流 i_2 所提供，输入回路无电流，输入阻抗为无穷大。实际上，R_2 与 R_1 之间总有一定的偏差。当偏差不大时，若 $|R_2 - R_1|/R_2$ 为 0.01%，$R_1 = 10\,\text{k}\Omega$，则输入电阻仍可高达 $100\,\text{M}\Omega$。当然，运算放大器偏离理想放大器，也会使输入阻抗有所下降。

通过仿真软件，可以分别测量基本反相放大器和自举组合电路的输入阻抗，仿真效果图如图 2-34 所示。输入电压为 $100\,\text{mV}$，基本反相放大器输入电流为 $9.97\,\mu\text{A}$，自举组合电路的输入电流为 $0.059\,\mu\text{A}$，两电路的仿真输入阻抗分别为 $10\,\text{k}\Omega$ 和 $1.96\,\text{M}\Omega$，自举组合电路的输入阻抗约为基本电路的 200 倍，极大地提高了输入阻抗。

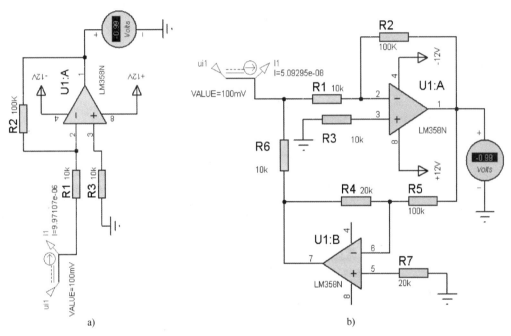

图 2-34　基本反相放大器输入阻抗与自举组合电路输入阻抗测量仿真效果
a) 基本反相放大器输入阻抗测量仿真效果　b) 自举组合电路输入阻抗测量仿真效果

应该指出的是，测量放大电路的输入阻抗越高，输入端的噪声也越大。因此，不是所有情况下都要求放大电路具有高的输入阻抗，而是应该与传感器输出阻抗相匹配，使测量放大电路的输出信噪比达到最大值。

2.7.3　电桥放大电路

电参量式传感器（如电感式传感器、电阻应变式传感器和电容式传感器等）经常通过电桥转换电路输出电压或电流信号，并用运算放大器进一步放大信号。因此，由传感器电桥和运算放大器组成的放大电路或由传感器和运算放大器构成的电桥都称为电桥放大电路。电桥放大电路有单端输入和差动输入两类。

1. 单端输入电桥放大电路

图 2-35 所示为单端输入电桥放大电路。图 2-35a 是传感器电桥接至运算放大器的反相输入端，称为反相输入电桥放大电路。图中，电桥对角线 a、b 两端的开路输出电压 u_{ab} 为

$$u_{ab} = \left(\frac{R_4}{R_2 + R_4} - \frac{R_3}{R_1 + R_3} \right) u \qquad (2\text{-}40)$$

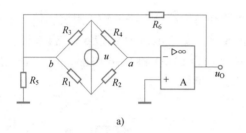 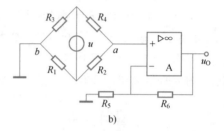

图 2-35　单端输入电桥放大电路
a) 反相输入　b) 同相输入

u_{ab} 通过运算放大器 A 进行放大。由于电桥电源 u 是浮置的，所以 u 在 R_5 和 R_6 中无电流通过。因 a 点为虚地，故 u_0 反馈到 R_5 两端的电压是 $-u_{ab}$，即

$$u_0 \frac{R_5}{R_5 + R_6} = -\left(\frac{R_4}{R_2 + R_4} - \frac{R_3}{R_1 + R_3} \right) u$$

$$u_0 = \left(1 + \frac{R_6}{R_5} \right) \frac{R_2 R_3 - R_1 R_4}{(R_1 + R_3)(R_2 + R_4)} u$$

若令 $R_1 = R_2 = R_4 = R, R_3 = R(1 + \delta)$，$\delta$ 为传感器电阻的相对变化率，$\delta = \Delta R / R$，则

$$u_0 = \left(1 + \frac{R_6}{R_5} \right) \frac{1 + \delta}{1 + \frac{\delta}{2}} \frac{u}{4}$$

图 2-35b 中，传感器电桥接至运算放大器 A 的同相输入端，称为同相输入电桥放大电路，其输出 u_0 的计算公式与上式相同，只是同相输出符号相反。由此可知，单端输入电桥象放大电路的增益，与桥臂电阻无关，增益比较稳定，但电桥电源一定要浮置，且输出电压 u_0 与桥臂电阻的相对变化率 δ 是非线性关系，只有当 $\delta \ll 1$ 时，u_0 与 δ 才近似为线性变化。

2. 差动输入电桥放大电路

图 2-36 所示电路是把传感器电桥两输出端分别与差动运算放大器的两输入端相连，构成差动输入电桥放大电路。图中，当 $R_1 = R_2$、$R_2 \gg R$ 时，有

$$u_a = u_0 \frac{R}{R + 2R_1} + \frac{u}{2}$$

$$u_b = u \frac{1 + \delta}{2 + \delta}$$

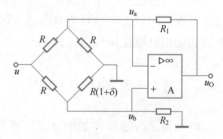

图 2-36　差动输入电桥放大电路

若运算放大器为理想工作状态，即 $u_a = u_b$，可得

$$u_O = \left(1 + \frac{2R_1}{R}\right)\frac{\delta}{1 + \frac{\delta}{2}}\frac{u}{4} \tag{2-41}$$

由上式可知，电桥四个桥臂的电阻同时变化时，电路的电压放大倍数不是常量，且桥臂电阻 R 的温度系数与 R_1 不一致时，增益也不稳定。另外，电路的非线性仍然存在，只有当 $\delta \ll 1$ 时，u_O 与 δ 才近似呈线性关系。因此，这种电路只适用于低阻值传感器且测量精度要求不高的场合。

3. 线性电桥放大电路

为了使输出电压 u_O 与传感器电阻相对变化率 δ 呈线性关系，可把传感器构成的可变桥臂 $R_2 = R(1+\delta)$ 接在运算放大器的反馈回路中，如图 2-37 所示。这时电桥的电源电压 u 相当于差动放大器的共模电压，若运算放大器为理想工作状态，此时 $u_a = u_b$，A 两输入端的输入电压 u_a、u_b 和输出电压 u_O 分别为

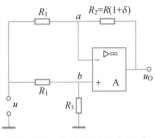

图 2-37 线性电桥放大电路

$$u_a = \frac{(u_O - u)R_1}{R_1 + R_2} + u = \frac{u_O R_1 + u R_2}{R_1 + R_2}$$

$$u_b = \frac{u R_3}{R_1 + R_3}$$

$$u_O = \left[\left(1 + \frac{R_2}{R_1}\right)\left(\frac{R_3}{R_1 + R_3}\right) - \frac{R_2}{R_1}\right]u = \frac{R_3 - R_2}{R_1 + R_3}u \tag{2-42}$$

当 $R_3 = R$ 时，式 (2-42) 可写成

$$u_O = -\frac{Ru}{R_1 + R}\delta$$

式中，R 为传感器的名义电阻。

这种电路的量程较大，但灵敏度较低。

4. 电桥放大电路应用举例

在现代的数据采集系统中，大量使用了电阻电桥作为把非电量变换为电信号的变换电路。图 2-38 所示为由 INA128 集成芯片组成的电桥放大电路。

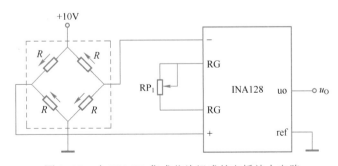

图 2-38 由 INA128 集成芯片组成的电桥放大电路

INA128 是低功耗、高精度的通用仪表放大器，内部采用三运放设计，具有体积小、功耗低的特点；具有非常低的失调电压（50 mV）、温度漂移（0.5 μV/℃）和高共模抑制比，在 $G = 100$ 时，共模抑制比达到 120 dB，该芯片应用范围广泛。

在电子秤应用中的典型电路如图 2-38 所示，通过调节外接可调电阻 RP_1 可实现 1～10000 倍电压放大，其放大倍数的表达式为 $A_u = 1 + \dfrac{50K}{RP_1}$。

2.8 有源滤波电路设计与测试

传感器输出的测量信号中，除了有用的信息外，往往还包含许多噪声以及其他与被测量无关的信号，从而影响测量精度。这种噪声一般随机性很强，难于从时域中直接分离出来，但由于其产生的物理机理、噪声功率是有限的，并按一定规律分布于频域中某个特定频带，所以，可以考虑用滤波电路从频域中实现对噪声的抑制，提取有用信号。

滤波器可以由 R、L 和 C 等无源元件组成，也可以由无源与有源元件组成，前者称为无源滤波器，后者称为有源滤波器。有源滤波器中的有源元件可以用晶体管，也可以用运算放大器，特别是由运算放大器组成的有源滤波器具有一系列优点：体积小、重量轻，可以提供一定的增益，还能起到缓冲作用。近年来，集成有源滤波器得到了快速发展，本项目因篇幅有限，不再进行过多介绍，请参阅其他书籍。

2.8.1 有源滤波器的分类和基本参数

按照选频特性，滤波器可分为高通、低通、带通和带阻滤波器四种。低通滤波器就是允许低频信号通过的滤波器，高通滤波器就是允许高频传号通过的滤波器，带通滤波器就是允许特定频率带内信号通过的滤波器，而带阻滤波器就是只抑制特定频率带内信号的滤波器。

1. 低通滤波器

低通滤波器的频率特性如图 2-39 所示，实线表示理想情况下的频率响应，虚线则表示实际特性。

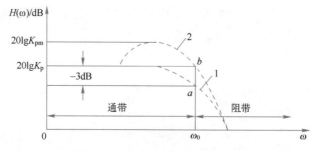

图 2-39 低通滤波器的频率特性

低通滤波器输出电压与输入电压之比被称为低通滤波器的增益或电压传递函数 $K(p)$。图中允许信号通过的频段（$0 \sim \omega_0$）称为低通滤波器的通带，不允许信号通过的频段（$\omega > \omega_0$）称为低通滤波器的阻带，ω_0 被称为截止频率。图中的曲线 1 在通带内没有共振峰，此

时规定增益下降了 $-3\,\mathrm{dB}$ 所对应的频率为截止频率，如 a 点所示；而曲线 2 在通带内有共振峰，此时规定幅频特性从峰值回到起始值处的频率为截止频率，如 b 点所示。

2. 高通滤波器

高通滤波器的频率特性如图 2-40 所示，实线为理想特性，虚线为实际特性。对于通带内没有共振峰的情况（对应特性曲线 1）规定增益比 Kp 下降 3 dB 所对应的频率为截止频率，如 a 点所示；而曲线 2 在通带内有共振峰，此时规定通带中波动的起点为截止频率，如 b 点所示。

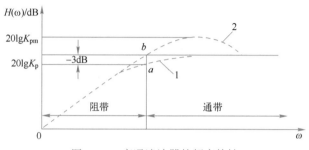

图 2-40　高通滤波器的频率特性

3. 带通滤波器

带通滤波器的频率特性如图 2-41 所示，实线为理想特性，虚线为实际特性。可见，在 $\omega_1 \leqslant \omega \leqslant \omega_2$ 的频带内有恒定的增益，而当 $\omega > \omega_2$ 或 $\omega < \omega_1$ 时，增益迅速下降。规定带通滤波器通过的宽度被称为带宽，以 B 表示。带宽中点的角频率被称为中心角频率，用 ω_0 表示。

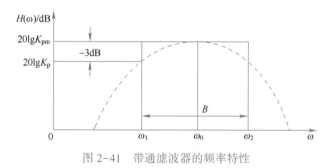

图 2-41　带通滤波器的频率特性

4. 带阻滤波器

带阻滤波器的频率特性如图 2-42 所示，实线为理想特性，虚线为实际特性。

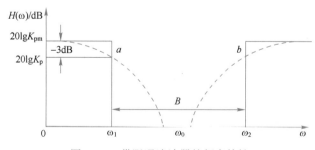

图 2-42　带阻通滤波器的频率特性

带阻滤波器抑制的频段宽度叫阻带宽度，称频宽，以 B 表示。抑制频宽的中点角频率称中心角频率，以 ω_0 表示。规定抑制频段的起始频率 ω_1 和终止频率 ω_2 按低于最大增益 0.707 倍所对应的频率而定义，如图中 a、b 两点所示。

5. 有源滤波器的基本参数

通常用于表述有源滤波器特性与质量的参数主要有如下几个。

1）谐振频率与截止频率：一个没有衰减损耗的滤波器，谐振频率就是它自身的固有频率。截止频率也称为转折频率，是频率特性下降 3 dB 那一点所对应的频率。

2）通带增益：是指选通的频率中，滤波器的电压放大倍数。

3）频带宽度：是指滤波器频率特性的通带增益下降 3 dB 的频率范围，这是指低通和带通而言，高通和带阻滤波器的频带宽度是指阻带宽度。

4）品质因数与阻尼系数：这是衡量滤波器选择性的一个指标，品质因数 Q 定义为谐振频率与带宽之比，阻尼系数定义为

$$\xi = Q^{-1/2}$$

5）滤波器参数对元件变化的灵敏度：滤波器中某无源元件 x 的变化，必然会引起参数 y 的变化，则 y 对 x 变化的灵敏度定义为

$$K_x^y = \frac{\mathrm{d}y/y}{\mathrm{d}x/x} \tag{2-43}$$

这是标志着滤波器某个特性稳定性的参数。

2.8.2 组成二阶有源滤波器的基本方法

有源滤波器是一种线性网络，它的传递函数为

$$K(p) = \frac{b_0 p^m + b_1 p^{m-1} + \cdots + b_{m-1}p + b_m}{p^n + a_1 p^{n-1} + \cdots + a_{n-1}p + a_n} \tag{2-44}$$

式中，p 为拉氏变量；系数 $a_1 \sim a_n$ 和 $b_1 \sim b_m$（$m \leqslant n$）是与滤波网络的无源元件及有源元件有关的参数。

根据线性系统理论，总的线性系统传递函数可以分解成几个简单的传递函数的乘积。即式（2-44）可分解成

$$K(p) = \prod_{i=1}^{\frac{n}{2}} \frac{b_{0i}p^2 + b_{1i}p + b_{2i}}{p^2 + a_{1i}p + a_{2i}} = \prod_{i=1}^{\frac{n}{2}} K_i(p)$$

上式是二阶网络的传递函数的普通表达式。

假如 n 为奇数，则 $K_i(p)$ 中必然包含一个一阶网络。假如 n 是偶数，则 $K_i(p)$ 是由 $n/2$ 个二阶网络串联组成。也就是说，可以用 $n/2$ 个二阶有源滤波器串联起来组成一个 n 阶有源滤波器。这样，设计一个 n 阶有源滤波器就简化为二阶的有源滤波器的设计。

由集成运算放大器组成的有源滤波器的方法很多，下面介绍两种常用的基本方法——压控电压源法和无限增益多路负反馈法。

1. 压控电压源法

这种结构是把运算放大器构成一闭环反馈放大器，无源元件均接在放大器的同相输入

端，如图 2-43 所示，图中 $y_1 \sim y_5$ 分别表示所在位置的无源元件的导纳。

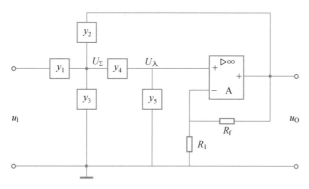

图 2-43 压控电压源法滤波电路

由迭加原理可得

$$U_{\Sigma} = \frac{y_1 U_1 + y_1 U_{\lambda} + y_2 U_0}{y_1 + y_2 + y_3 + y_4} \qquad (2-45)$$

当运算放大器开环增益很大时，则

$$\begin{cases} U_{\lambda} = \dfrac{U_0}{A_f} \\ A_f = \dfrac{R_1 + R_f}{R_1} \\ U_{\Sigma} = \dfrac{y_4 + y_5}{y_4} U_{\lambda} \end{cases} \qquad (2-46)$$

代入式（2-44）可得

$$\frac{U_0(p)}{U_1(p)} = \frac{A_f y_1 y_4}{(y_1 + y_2 + y_3 + y_4) y_5 + [y_1 + (1 - A_f) y_2 + y_3] y_4} \qquad (2-47)$$

如果 $y_1 \sim y_5$ 中有任意两个是电容，其他是电阻，就组成二阶滤波器。该方法的特点是使用元件少，对放大器的要求不高。在设计过程中应注意的问题是：运算放大器的闭环增益 A_f 应当设计得低一些。该方法的不足之处在于由于存在正反馈，品质因数对元件变化的灵敏度较高，稳定性差。因此在高 Q 值的滤波器中，不易采用这种结构的电路。

2. 无限增益多路负反馈法

这种有源滤波器的结构如图 2-44 所示，运算放大器的输出通过 y_4、y_5 反馈到输入端，其输出和输入之间的关系为

$$K(p) = \frac{-y_1 y_3}{(y_1 + y_2 + y_3 + y_4) y_5 + y_3 y_4} \qquad (2-48)$$

式中，$y_1 \sim y_5$ 中有两个电容，其他三个是电阻，即构成不同类型的二阶有源滤波器。该方法的特点是传递函数的极点永远落在左半 s 平面内，因此无须考虑其动态稳定问题；且由于存在很强的负反馈，Q 值对元件变化的灵敏度较低，故这种滤波器可工作在高 Q 值的情况下。

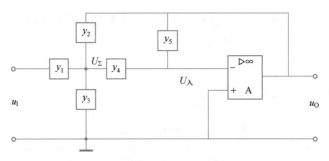

图 2-44 无限增益多路反馈法有源滤波器结构

 ### 2.8.3 有源滤波器设计与测试

二阶有源滤波器传递函数的普遍形式为

$$K(p) = \frac{b_0 p^2 + b_1 p + b_2}{p^2 + 2\xi \omega_0 p + \omega_0^2} \tag{2-49}$$

式中，ξ 为阻尼系数，是固有频率。

传递函数 $K(p)$ 的零点分布是由式（2-49）中分子的系数 b_0、b_1 和 b_2 所决定的，可分为以下几种情况。

1) $b_0 = b_1 = 0$、$b_2 = K_p \omega_0^2$，式（2-49）变为

$$K(p) = \frac{K_p \omega_0^2}{p^2 + 2\xi \omega_0 p + \omega_0^2} \tag{2-50}$$

幅频特性表现出低通滤波器的特点。当 $\xi < \sqrt{2}$ 时，幅频特性有峰值出现。

2) $b_1 = b_2 = 0$、$b_0 = K_p$，式（2-49）变为

$$K(p) = \frac{K_p p^2}{p^2 + 2\xi \omega_0 p + \omega_0^2} \tag{2-51}$$

幅频特性表现出高通滤波器的特点。当 $\xi < \sqrt{2}$ 时，幅频特性有峰值出现。

3) $b_0 = b_2 = 0$、$b_1 = K_p^2 \xi \omega_0$，式（2-49）变为

$$K(p) = \frac{K_p^2 \xi \omega_0 p}{p^2 + 2\xi \omega_0 p + \omega_0^2} \tag{2-52}$$

幅频特性表现出带通滤波器的特点。

4) $b_0 = K_p$、$b_1 = 0$、$b_2 = K_p \omega_0^2$，式（2-49）变为

$$K(p) = \frac{K_p (p^2 + \omega_0^2)}{p^2 + 2\xi \omega_0 p + \omega_0^2} \tag{2-53}$$

幅频特性表现出带阻滤波器的特点。

1. 二阶低通有源滤波器设计与测试

（1）基本特性

图 2-45 所示为二阶低通有源滤波器的具体电路，将电路中具体元件代入式（2-49），可得该电路的传递函数为

$$K(p) = \cfrac{\cfrac{1}{R_1 R_2 C_1 C_2} \times \cfrac{R_f + R_2}{R_3}}{p^2 + p\left(\cfrac{1}{R_1 C_1} + \cfrac{1}{R_2 C_1} + \cfrac{1 - A_f}{R_2 C_2}\right) + \cfrac{1}{R_1 R_2 C_1 C_2}} \qquad (2\text{-}54)$$

$$K(p) = \frac{K_p \omega_0^2}{p^2 + 2\xi \omega_0 p + \omega_0^2} \qquad (2\text{-}55)$$

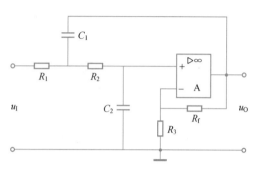

图 2-45 基于压控电压源法的二阶低通有源滤波器

与二阶标准传递函数比较可得

$$\begin{cases} K(p) = 1 + \dfrac{R_f}{R_3} \\[2mm] \omega_0 = \sqrt{\dfrac{1}{R_1 R_2 C_1 C_2}} \\[2mm] \xi = \dfrac{1}{2}\left[\sqrt{\dfrac{R_2 C_2}{R_1 C_1}} + \sqrt{\dfrac{R_1 C_2}{R_2 C_1}} - (K_p - 1)\sqrt{\dfrac{R_1 C_1}{R_2 C_2}}\right] \end{cases}$$

若 $\xi \leqslant 1/\sqrt{2}$ ，则幅频特性中有共振峰出现，共振峰处的角频率 ω_p 和峰值 K_{pm} 为

$$\omega = \omega_p = \omega_0 \sqrt{1 - 2\xi^2} \qquad (2\text{-}56)$$

$$K_{pm} = K(\omega_p) = \frac{K_p}{2\xi\sqrt{1 - \xi^2}} \qquad (2\text{-}57)$$

当 $\xi = 1/\sqrt{2}$ 时，幅频特性为

$$K(\omega) = \frac{K_p}{\sqrt{1 + \left(\dfrac{\omega}{\omega_0}\right)^4}} \qquad (2\text{-}58)$$

由式可知，当 $\omega = \omega_0$ 时，有

$$K(\omega) = \frac{1}{\sqrt{2}} K_p$$

可见，当 $\omega = \omega_0$ 时，幅频特性下降了 $-3\,\mathrm{dB}$，就是说 $\xi = 1/\sqrt{2}$ 时的截止角频率 ω_c 也就是固有角频率 ω_0，即

$$\omega_c = \omega_0$$

当 $\xi < 1/\sqrt{2}$ 时，幅频特性有峰值，此时截止角频率定义为幅频特性从峰值回到起始值的角频率，推导可得

$$\omega_c = \omega_0 \sqrt{2(1-2\xi^2)} \qquad (2-59)$$

峰值与起始值之差，可由式（2-57）确定，即

$$20\lg K_{pm} - 20\lg K_p = 20\lg \frac{K_{pm}}{K_p} = 20\lg \frac{1}{2\xi\sqrt{1-\xi^2}} \qquad (2-60)$$

根据式（2-59）与式（2-60）可以算出不同 ξ 值时的 ω_c 及 $20\lg \dfrac{K_{pm}}{K_p}$ 值，具体如表 2-9 所示。

表 2-9　二阶低通滤波器参数

ξ	$20\lg \dfrac{K_{pm}}{K_p}$	ω_c	
		二阶低通	二阶高通
0.5792	0.500	$0.8114\omega_0$	$1.234\omega_0$
0.5774	0.512	$0.8165\omega_0$	$1.226\omega_0$
0.5227	1.000	$0.9525\omega_0$	$1.051\omega_0$
0.5000	1.248	ω_0	ω_0
0.4434	2.000	$1.102\omega_0$	$0.9074\omega_0$
0.3832	3.000	$1.188\omega_0$	$0.8418\omega_0$

（2）设计步骤

具体设计时，根据对滤波器提出的特性要求，选择适当的固有频率 ω_0 及阻尼系数 ξ 和通带增益 K_p，然后计算无源元件的具体数值。由于已知条件比未知数少，通常预选电容器 C_1 及取电容 C_2 与 C_1 的比例系数 $m(m = C_2/C_1)$，就可以按以下步骤计算无源元件的数值。

1）根据选定的电容器 C_1 及比例系数 m，计算电容器 C_2 的数值，得

$$C_2 = mC_1 \qquad (2-61)$$

2）由式（2-55）可得

$$R_1 = \frac{1}{mC_1^2\omega_0^2 R_2} \qquad (2-62)$$

将式（2-62）代入式（2-50）可得 R_2 为

$$R_2 = \frac{\xi}{mC_1\omega_0}\left[1 + \sqrt{1 + \frac{K_p - 1 - m}{\xi^2}}\right] \qquad (2-63)$$

3）按已知的 K_p 值和减小输入偏置电流及减少漂移的要求，确定 R_1 和 R_f。

由

$$K_p = 1 + \frac{R_f}{R_3}$$

$$R_1 + R_2 = R_3 // R_f$$

得

$$\begin{cases} R_f = K_p(R_1 + R_2) \\ R_3 = \dfrac{R_f}{K_p - 1} \end{cases} \qquad (2-64)$$

在选取 m 的时候，要注意必须满足

$$\frac{K_p-1-m}{\xi^2} \geq -1$$

即 $m \leq K_p-1+\xi^2$

选电容 C_1 的数值大小，可根据 f_0 的要求，参考表 2-10 选取。

表 2-10 f_0 与 C_1 的对应范围

f/Hz	C/μF	F/Hz	C/pF
1~10	20~1	$10^3 \sim 10^4$	$10^4 \sim 10^3$
10~100	1~0.1	$10^4 \sim 10^5$	$10^3 \sim 10^2$
100~1000	0.1~0.01	$10^5 \sim 10^6$	$10^2 \sim 10$

（3）设计举例

[例 2-1] 已知 $k_p=10$、$f_0=1000\,Hz$、$\xi=1/\sqrt{2}$，计算无源元件的数值。

解：由于 $\xi=1/\sqrt{2}$，即幅频特性无共振峰，则截止频率 f_c 与固有频率 f_0 相等，则

$$f_c=f_0=1000\,Hz$$

根据 f_0 由表 2-10 选 $C_1=0.01\,\mu F$，并取 $m=2$。则由式（2-61）可得

$$C_2=mC_1=0.02\,\mu F$$

由式（2-63）可得 R_2 为

$$R_2=\frac{\xi}{mC_1\omega_0}\left[1+\sqrt{1+\frac{K_p-1-m}{\xi^2}}\right]$$

$$=\frac{1}{2\sqrt{2}\times0.01\times10^{-6}\times2\pi\times1000}\left[1+\sqrt{1+\frac{10-1-2}{(1/\sqrt{2})^2}}\right]\approx27.4(k\Omega)$$

由式（2-62）计算 R_1，得

$$R_1=\frac{1}{mC_1^2\omega_0^2R_2}=\frac{1}{2\times(0.01\times10^{-6})^2\times4\pi^2\times10^6\times27.4\times10^3}=4.62(k\Omega)$$

由式（2-64）计算 R_f 和 R_3，得

$$R_f=K_p(R_1+R_2)=10\times(4.62+27.4)=320(k\Omega)$$

$$R_3=\frac{R_f}{K_p-1}=\frac{320}{10-1}=35.6(k\Omega)$$

该滤波器的 Multisim 交流分析结果如图 2-46 所示，其截止频率为 998 Hz，与设计要求（1000 Hz）基本一致。

2. 二阶高通有源滤波器设计

（1）压控电压源法二阶高通有源滤波器设计

1）基本特性。

若把图 2-32 中二阶低通滤波器的外接 RC 网络中的电阻 R_1、R_2、C_1、C_2 互相对调，即可组成二阶高通有源滤波器，如图 2-47 所示。

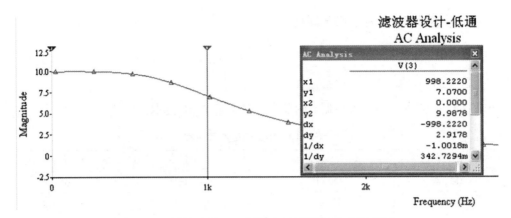

图 2-46　设计示例 1 二阶低通滤波器交流分析结果图

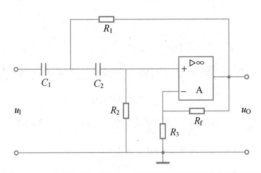

图 2-47　压控电压源法二阶高通有源滤波器原理图

其传递函数可表示为

$$K_p = \frac{\left(1 + \dfrac{R_f}{R_3}\right)p^2}{p^2 + p\left(\dfrac{1}{R_2 C_2} + \dfrac{1}{R_2 C_1} + \dfrac{1 - A_f}{R_1 C_1}\right) + \dfrac{1}{R_1 R_2 C_1 C_2}} \qquad (2\text{-}65)$$

与式（2-51）比较可得

$$K_p = 1 + \frac{R_f}{R_3}$$

$$\omega_0 = \sqrt{\frac{1}{R_1 R_2 C_1 C_2}}$$

$$\xi = \frac{1}{2}\left[\sqrt{\frac{R_1 C_1}{R_2 C_2}} + \sqrt{\frac{R_1 C_2}{R_2 C_1}} + (1 - K_p)\sqrt{\frac{R_2 C_2}{R_1 C_1}}\right]$$

当 $C_1 = C_2 = C$ 时，上式可化简为

$$\begin{cases} K_p = 1 + \dfrac{R_f}{R_3} \\[2mm] \omega_0 = \dfrac{1}{C}\sqrt{\dfrac{1}{R_1 R_2}} \\[2mm] \xi = \sqrt{\dfrac{R_1}{R_2}} + \dfrac{1}{2}(1 - K_p)\sqrt{\dfrac{R_2}{R_1}} \end{cases} \qquad (2\text{-}66)$$

当 $\xi \leqslant 1/\sqrt{2}$ 时，二阶高通有源滤波器的幅频特性将会出现共振峰，共振峰的角频率 ω_p 为

$$\omega = \omega_p = \frac{\omega_0}{\sqrt{1-2\xi^2}} \tag{2-67}$$

对应于 ω_p 的最大峰值为

$$K_{pm} = K(\omega_p) = \frac{K_p}{2\xi\sqrt{1-\xi^2}} \tag{2-68}$$

显然可见，二阶高通有源滤波器的特性与 ξ 及 ω_0 有关。当 $\xi = 1/\sqrt{2}$ 时，则有

$$K(\omega) = \frac{K_p}{\sqrt{1+\left(\frac{\omega_0}{\omega}\right)^4}} \tag{2-69}$$

当 $\xi = 1/\sqrt{2}$ 时，幅频特性出现峰值，此时截止频率为

$$\omega_c = \frac{\omega_0}{\sqrt{2(1-2\xi^2)}} \tag{2-70}$$

可见，当 $\omega = \omega_0$ 时，$K(\omega) = K_p/\sqrt{2}$，这说明了 $\xi = 1/\sqrt{2}$ 时的截止角频率 ω_c 就是高通滤波器的固有角频率，这个特性与二阶低通滤波器相同。

2）设计步骤。

二阶高通有源滤波器的设计步骤与低通的设计步骤相同，即根据设计技术要求选择适当的 ω_0、ξ 及 K_p，然后再计算无源元件的参数值。

① 当 $K_p = 1 \sim 10$ 范围内，可根据 f_0 由表 2-10 选取电容 $C_1 = C_2 = C$ 的容量大小。

② 由式（2-66）导出 RC 网络的计算式，并由此计算 R_1 及 R_2 的阻值，得

$$R_1 = \frac{\xi+\sqrt{\xi^2+2(K_p-1)}}{2\omega_0 C} \tag{2-71}$$

$$R_2 = \frac{1}{\omega_0^2 C^2 R_1} \tag{2-72}$$

③ 按 K_p 减小输入偏置电流及其漂移影响的要求，确定 R_f、R_3 之阻值。由 $K_p = 1 + \frac{R_f}{R_3}$ 和 $R_2 = R_3//R_f$ 可导出

$$\begin{cases} R_f = K_p R_2 \\ R_3 = \frac{R_f}{K_p-1} \end{cases} \tag{2-73}$$

（2）多路反馈型二阶高通有源滤波器的设计

1）基本特性。

图 2-48 所示多路反馈型二阶高通有源滤波器的传递函数可表示为

$$K_p = \frac{-\frac{C_1}{C_2}p^2}{p^2+p\left(\frac{C_1}{C_2 C_3}+\frac{1}{C_2}+\frac{1}{C_3}\right)\frac{1}{R_2}+\frac{1}{R_1 R_2 C_2 C_3}} \tag{2-74}$$

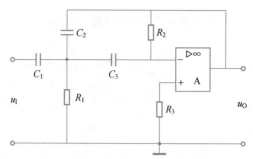

图 2-48 基于无限增益多路反馈型二阶高通有源滤波器

该滤波器的特性参数为

$$\begin{cases} \omega_0 = \dfrac{1}{\sqrt{R_1 R_2 C_2 C_3}} \\[3mm] \xi = \dfrac{1}{2}\sqrt{\dfrac{R_1}{R_2}}\left(\dfrac{C_1}{\sqrt{C_2 C_3}} + \sqrt{\dfrac{C_3}{C_2}} + \sqrt{\dfrac{C_2}{C_3}}\right) \\[3mm] K_p = \dfrac{C_1}{C_2} \end{cases} \tag{2-75}$$

2）设计步骤。

具体设计电路各无源元件的数值可按下式计算（预选 $C_1 = C_3 = C$）。

$$\begin{cases} C_2 = \dfrac{C}{K_p} \\[3mm] R_1 = \dfrac{2\xi}{\omega_0 C(2K_p+1)} \\[3mm] R_2 = \dfrac{1}{2\omega_0 C}(2K_p+1) \end{cases} \tag{2-76}$$

3. 二阶带通有源滤波器设计

（1）基本特性

基于无限增益多路反馈法的二阶带通滤波器的电路原理图如图 2-49 所示。其品质因数 Q 可表示为

$$Q = \frac{\omega_0}{B} \tag{2-77}$$

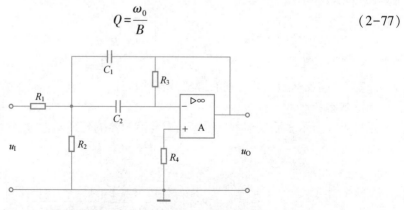

图 2-49 基于无限增益多路反馈法的二阶带通滤波器

ω_0 是中心频率，B 是带宽。可表示为

$$\begin{cases} B = \omega_2 - \omega_1 \\ \omega_0 = \dfrac{1}{2}(\omega_1 + \omega_2) \end{cases} \tag{2-78}$$

图 2-49 中二阶带通有源滤波器的传递函数为

$$K_p = \dfrac{-\dfrac{p}{R_1 C_1}}{p^2 + \dfrac{p}{R_3}\left(\dfrac{1}{C_1} + \dfrac{1}{C_2}\right) + \dfrac{1}{R_3 C_1 C_2}\left(\dfrac{1}{R_1} + \dfrac{1}{R_2}\right)} \tag{2-79}$$

式中

$$K_p = \dfrac{R_3}{R_3\left(1 + \dfrac{C_1}{C_2}\right)}$$

$$\omega_0 = \sqrt{\dfrac{1}{R_3 C_1 C_2}\left(\dfrac{1}{R_1} + \dfrac{1}{R_2}\right)}$$

$$Q = \dfrac{\sqrt{R_3\left(\dfrac{1}{R_1} + \dfrac{1}{R_2}\right)}}{\sqrt{\dfrac{C_1}{C_2}} + \sqrt{\dfrac{C_2}{C_1}}}$$

若取 $C_1 = C_2 = C$，上式可简化为

$$\begin{cases} K_p = \dfrac{R_3}{2R_1} \\[2mm] \omega_0 = \dfrac{1}{C}\sqrt{\dfrac{1}{R_3}\left(\dfrac{1}{R_1} + \dfrac{1}{R_2}\right)} \\[2mm] Q = \dfrac{1}{2}\sqrt{R_3\left(\dfrac{1}{R_1} + \dfrac{1}{R_2}\right)} \end{cases} \tag{2-80}$$

（2）设计步骤

首先根据设计技术要求，选择适当的 ω_0、K_p 以及 Q 或 B。

1）令 $C_1 = C_2 = C$，当 $K_p = 1 \sim 10$ 范围之内，根据中心频率 f_0 按表 2-10 选择电容值。

2）由式（2-80）可得以下各式，以便计算元件阻值。

$$\begin{cases} R_3 = \dfrac{2Q}{\omega_0 C} \\[2mm] R_1 = \dfrac{Q}{K_p \omega_0 C} \\[2mm] R_2 = \dfrac{Q}{(2Q^2 - K_p)\omega_0 C} \end{cases} \tag{2-81}$$

（3）设计举例

[**例 2-2**] 已知 $K_p = 5$，$Q = 10$，$f_0 = 1000\,\mathrm{Hz}$，计算无源元件的数值。

解： 根据 $f_0 = 1000$ Hz，按表 2-10 选择电容器 $C_1 = C_2 = C = 0.01$ μF，再由式（2-81）即可计算无源元件的数值，则有

$$R_3 = \frac{2Q}{\omega_0 C} = \frac{2Q}{2\pi f_0 C} \approx 318\ \Omega$$

$$R_1 = \frac{Q}{K_p \omega_0 C} = \frac{Q}{2\pi f_0 K_p C} \approx 32\ \Omega$$

$$R_2 = \frac{Q}{(2Q^2 - K_p)\omega_0 C} = \frac{Q}{2\pi f_0 C(2Q^2 - K_p)} \approx 816\ \Omega$$

该滤波器的 Multisim 交流分析结果如图 2-50 所示，其下限截止频率为 943 Hz、上限截止频率为 1039.7 Hz，通频带为 97 Hz，与设计要求 100 Hz（$BW = f_0/Q$）基本一致。

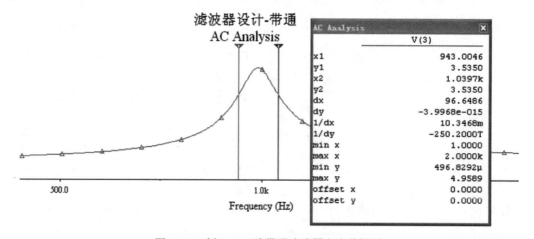

图 2-50　例 2-2 二阶带通滤波器交流分析图

4. 二阶带阻有源滤波器设计

带阻滤波器的特性与带通滤波器相反，因此可将带通滤波器与减法器相结合构造带阻滤波器，具体电路如图 2-51 所示。

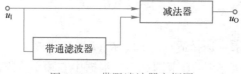

图 2-51　带阻滤波器方框图

图 2-51 中，A_1 组成反相输入型带通滤波器，也就是 A_1 的输出电压 U_{o1} 是输入 U_1 的反相带通电压；A_2 组成加法运算电路，因此将 U_1 与 U_{o1} 在 A_2 输入端相加，则在 A_2 的输出端就得到了带阻信号输出。

由式（2-80）可知，A_1 在 ω_0 处的增益 $K_p = \dfrac{R_3}{2R_1}$，则 ω_0 处 A_1 的输出电压为

$$u_{01}(\omega_0) = -\frac{R_3}{2R_1} u_1(\omega_0)$$

为了使 $U_{01}(\omega_0)$ 通过 A_2 后被抑制掉，必须使

$$u_{01}(\omega_0)\frac{R_7}{R_4}+u_1(\omega_0)\frac{R_7}{R_6}=0$$

由上两式可得

$$\frac{R_4}{Rf_1}=\frac{R_3}{2Rf_1} \tag{2-82}$$

式（2-82）也是组成图2-52带阻滤波器的必要条件。

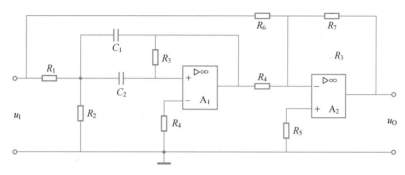

图2-52 二阶带阻滤波器电路图

习题 2

1. 电阻应变片是采用什么效应工作的？

2. 画出称重传感器接口电路？

3. 何为共模信号？何为差模信号？

4. 如何测量放大电路的输入阻抗？请画出测量原理图。

5. 根据滤波器的频率特性，滤波器可以分为哪几种？

6. 采用有限电压源法（压控电压源法）设计一低通滤波器，已知$K_p=5$、$f_0=100\,\text{Hz}$、m取2，画出电路图，计算元器件参数，并进行软件仿真，测量其截止频率。

7. 采用无限增益多路反馈法设计一高通滤波器，已知$K_p=5$、$f_0=5\,\text{kHz}$、m取2，画出电路图，计算元器件参数，并进行软件仿真，测量其截止频率。

8. 写出电路调试步骤。

项目 3　交流电流检测电路设计与制作

【项目要求】

- 检测最大电流：5 A。
- 输出电压范围：0~5 V。
- 电源电压：AC 220 V、50 Hz。

【知识点】

- 电流检测传感器的基本特性。
- 电流传感器接口电路设计方法。
- I/U、U/I 转换原理基本原理与基本电路。
- 交流信号的特征值电路设计方法。
- 交流电流检测电路设计方法。

【技能点】

- 电流传感器的设计与测试。
- I/U、U/I 电路的设计。
- 特征值电路的设计与测试。
- 交流电流检测电路的设计。
- 交流电流检测电路的仿真。
- 交流电流检测电路的制作与调试。

【项目学习内容】

- 熟悉电流传型器基本特性。
- 掌握电流传感器接口电路设计。
- 掌握 I/U、U/I 电路的设计与仿真。
- 掌握特征值电路的设计与仿真。
- 掌握交流电流检测电路的制作与调试。

项目 3　项目分析

项目分析

在工业控制中，交流电流在检测中应用非常广泛，如家庭电能表、漏电保护、工业控制中的过流检测与控制等,都要检测电流。电气设备的电流一般为高压、大电流,且为交流电流,而基本控制电路一般为低压、直流控制,尤其是智能化设备,甚至要实现数字化处理。

针对这种高压、大电流的测量,通常采用非接触式测量,常用的传感器有电流互感器和霍尔传感器等。本项目拟采用微型交流互感器实现交流电流的检测,通过 I/U 转换、特征检测、信号滤波,最终转换成与被测电流成正比的直流电压。由于电气设备电流有大小,为了实验方便,本次以小电流(5A)为测量对象,通过检测电路的设计与实施,以介绍电路的设计方法,完成电路的软件仿真和硬件电路的制作与调试。

交流电流检测电路的硬件组成框图如图 3-1 所示。

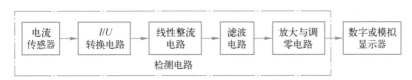

图 3-1　交流电流检测电路的硬件组成框图

电流传感器将电气设备的大电流(0~5 A)变换成较小的与被测电流成比例的交流电流,再由 I/U 转换电路得到交流电压,经线性整流电路、滤波电路后得到直流电压,该直流电压与被测电流成正比,但经整流、滤波后电压值达不到项目要求,再经放大与调零电路处理后得到与被测电流(0~5 A)成比例的直流电压(0~5 V)。

根据项目要求,本项目测量电流范围是 0~5 A,输出电压是 0~5 V,在实际应用中,不同场合其电流范围也不同,要学会举一反三。

【巩固与训练】

本项目被测电流为 0~5 A,输出电压是 0~5 V,请写出输出电压与被测电流之间的关系,并填入表 3-1。

表 3-1　被测电流与输出电压之间的关系

被测电流/A	0	0.5	1	1.5	2	2.5	3	3.5	4	4.5	5
输出电压/V											

任 务 实 施

任务 3.1　电流传感器特性与接口电路设计

【任务目标】

- 了解电流检测的传感器。
- 熟悉电流互感器的特性。
- 了解霍尔传感器的特性。
- 掌握电流互感器接口电路设计与测试。

【任务学习】

3.1.1 电流传感器的选用

1. 常用电流传感器的比较

目前，常用的电流传感器有电流互感器和霍尔电流传感器等。

(1) 电流互感器

电流互感器是依据电磁感应原理将一次侧交流大电流转换成二次侧交流小电流的装置，由铁心、一次绕组、二次绕组组成。一般一次侧绕组匝数很少（穿心式电流互感器用被测电流母线作为一次绕组），串在需要测量的电流的线路中，二次测绕组匝数由变比决定，电流互感器一般分为测量用和保护用电流互感器。民用电气设备电流检测中，一般选用微型电流互感器，其一次侧额定电流为几安到几百安，二次侧额定电流一般为几毫安到几百毫安。电流互感器具有体积小、重量轻、线性好和价格便宜等特点，在民用电气设备的智能化检测中应用广泛。

(2) 霍尔电流传感器

霍尔电流传感器是利用霍尔效应来实现磁电转换的一种传感器。根据霍尔效应原理，在被测电流周围会产生磁场，其磁场强度与被电流成正比；通过一定的结构设计，使该磁场垂直穿过霍尔传感器，霍尔传感器的输出电压与磁场强度成正比，即霍尔传感器的输出电压与被测电流成正比关系，根据电压即可知道被测电流的数值。霍尔电流传感器有在线式、开口/穿心式等类型，适用于不同场合测电流的场合。霍尔电流传感器可以测量交流电流，也可测量直流电流，额定电流为几安到几百安，甚至上千安，其输出直流电压与被测电流成正比，一般输出电压为标准电压（$0\sim5$ V 或 $0\sim10$ V）。霍尔电流传感器具有响应时间快、低温漂、精度高、体积小、频带宽、抗干扰能力强和过载能力强等特点，但其价格相对较高，在工业企业电流检测与控制中应用越来越多。

2. 本项目所选用的电流传感器

一般电流检测电路中，尤其是民用产品，首先要做到价格便宜、性能满足要求，所以本项目选用微型电流互感器 CT103 进行电流检测。其外形如图 3-2 所示，技术参数如表 3-2 所示。

由表中数据可知，CT103 额定电流为 5 A，变比为 1000:1，即被测电流一次绕组电流为 5 A 时，二次绕组电流为 5 mA。如果测得二次绕组电流为 2 mA，则表示被测电流为 2 A。

图 3-2　CT103 实物图

表 3-2　电流互感器 CT103 技术参数

技 术 参 数	指　　标
额定输入电流	5 A
额定输出电流	5 mA
变比	1000 : 1
相位差（额定输入时）	≤20′（100 Ω）

(续)

技术参数	指　标
线性度	0.2%
精度等级	0.2 级
隔离耐压	3000 V
用途	测量
密封材料	环氧树脂
安装方式	印制板安装
工作温度	-40~70℃

3.1.2　电流互感器接口电路

电流互感器二次侧输出电流与一次侧成比例的电流信号，其接口电路是将该电流转换成电压即可，利用欧姆定律，只要将二次电流串接电阻，电阻上的电压 u_0 与被测电流 i_1 成正比，$u_0 = i_2 R = (i_1/n) \times R$，其接口电路如图 3-3a 所示。因电路输出的电压要送后续电路处理，后级电路的输入电阻会对该电路产生影响，实际应用中，可以采用集成运放构成的检测电路，电路原理图如图 3-3b 所示，输出电压表达式与图 a 相同，$u_0 = i_2 R = (i_1/n) \times R$，图中 C 和 r 为相位调节用。

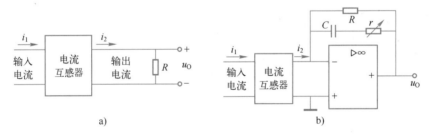

图 3-3　电流互感器接口电路

a）基本接口电路　b）集成运放构成的电流互感器接口电路

在微型电流互感器接口电路中，根据手册和额定检测电流，其二次侧两端电压不能大于饱和电压，否则影响测量精度，电阻取值范围是几百欧姆至几千欧姆。

【巩固与训练】

3.1.3　微型电流互感器接口电路仿真与测试

1. Proteus 电路设计

从 Proteus 元件库取出相关元器件，主要元器件有：

● 普通电阻为 RES。

● 电流互感器为 TRAN-2P2S。

根据图 3-4a 利用 Proteus 仿真软件绘制仿真电路，如图 3-4 所示。

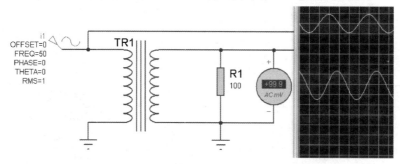

图 3-4 热电阻接口电路仿真效果图

2. 微型电流互感器接口电路测试

根据图 3-4a 利用 Proteus 仿真软件绘制仿真电路，如图 3-4 所示。

（1）参数设置

1）信号源参数设置。

- 波形为 sine（正弦）。
- 电流为 1 A（有效值 RMS）。
- 频率为 50 Hz。
- 左下角的电流源符号打勾。

2）电流互感器参数设置。

- 一次侧电感（Primary Inductance）为 1 mH。
- 二次侧电感（Secondary Inductance）为 1 H。
- 耦合系数（Coupling Factor）为 0.03334。

参数设置完成后，单击"仿真"按钮进行仿真，此时被测电流（$i_1 = 1$ A），二次输出电流为 1 mA（变比为 1000:1），通过 100 Ω 的电阻后，输出电压为 100 mV，与理论结果一致。图 3-4 中右侧的波形为一次（上边）和二次（下边）电压波形，由波形可知，二次电流滞后于一次电流。

（2）测试与讨论

按照图 3-4 所示仿真电路，测试被测电流为 0~5 A 时电路的输出电压，将数据填入表 3-3 中，并分析电路的线性度。

表 3-3 不同电流时的输出电压

被测电流/A	0	0.5	1	1.5	2	2.5	3	3.5	4	4.5	5
输出电压/mV											

【应用与拓展】

1. 若需要测量额定电流为 10 A 的电流，请查阅资料，选择电流互感器。
2. 利用选择的电流互感器，设计接口电路并进行测试。

任务 3.2　电流/电压变换电路设计与测试

【任务目标】

任务 3.2　电流电压
变换电路设计
与测试

- 了解电流/电压变换电路结构。
- 掌握电流/电压变换电路元器件的参数计算方法。
- 会设计电流/电压变换电路。
- 会测试电路的性能。

【任务学习】

 3.2.1　电流/电压变换电路结构选择

电流互感器将交流大电流（0~5 A）变换成交流小电流（0~5 mA），需要再将该小电流换成电压，以满足后续电路的要求。本项目选用同相输入型电流/电压（I/U）转换电路，电路如图3-5所示。

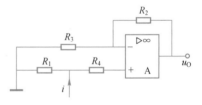

图3-5　同相输入型 I/U 变换电路

输入电流 i 为电流互感器的输出电流，该电流先经输入电阻 R_1 变为输入电压 $u_1(=iR_1)$ 加到运算放大器的同相输入端，经过同相比例放大后得到的输出电压为

$$u_O = iR_1\left(1+\frac{R_2}{R_3}\right)$$

 3.2.2　电流/电压变换电路参数设计

R_1 值根据电流互感器对负载的要求确定，电流互感器为 CT103，电阻 R_1 取 200 Ω，则 u_1 为 0~1 V，经集成运放 A 组成的放大电路后，得到 0~5 V 的交流电压 u_O。

R_2、R_3、R_4 和 A 组成同相放大电路，要对该电压进行放大，其放大倍数为

$$A_u = 1+\frac{R_2}{R_3} = \frac{u_O}{u_I} = 5$$

由此可得，$R_2 = 4R_3$，R_3 取 10 kΩ，则 $R_2 = 4\times10$ kΩ = 40 kΩ，查阅电阻系列表，R_2 选 39 kΩ，则电路放大倍数 A_u 为 4.9，所以 I/U 变换电路的输出电压为 0~4.9 V。

为避免运算放大器的偏置电流造成误差，要求两个输入端对地的电阻值相等，即

$$R_4 = R_2 // R_3 = \frac{R_3 + R_2}{R_3 \times R_2} \approx 7.96 \text{ k}\Omega$$

查阅电阻系列表，选 8.2 kΩ。集成运放选用共模抑制比较高的运算放大器，也可选 LM358 等通用运放芯片。

注意：若要准确得到 5 V 电压输出，可以将 R_2 换成固定电阻和可调电阻串联代替。

【巩固与训练】

3.2.3 电路仿真测试

电路设计完成后，通过仿真软件 Proteus 验证其性能是否达到设计要求。

1. Proteus 电路设计

从 Proteus 元器件库取出相关元器件，主要元器件有：

● 电阻为 RES。

● 集成运放为 LM358。

绘制电流/电压变换电路的仿真电路图，如图 3-6 所示。

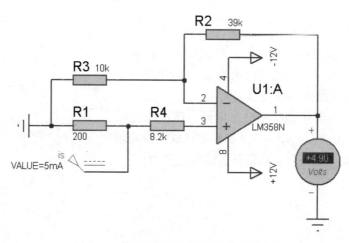

图 3-6　电流/电压变换电路仿真效果图

2. 电路测试

信号源调节：

● 信号类型为 sine。

● 频率为 50 Hz。

● 电流（RMS）为 5 mA。

设置好信号源参数后，单击"运行"按钮，输出电压为 4.9 V，与理论值一致，如图 3-6 所示。

【应用与拓展】

若 R_1 取 $100\,\Omega$，请计算电路元器件参数并进行仿真测试。

任务 3.3　特征值检测电路设计与测试

【任务目标】

- 知道交流信号的特征值。
- 掌握精密整流电路工作原理和参数选择。
- 掌握真有效值芯片 AD637 的应用方法。
- 会仿真精密整流电路和真有效值电路。

【任务学习】

3.3.1　精密整流
电路设计

3.3.1　精密整流电路设计

整流电路也称绝对值电路，即将交流信号变成脉动直流信号，再经过滤波电路后即可得到直流信号，精密整流电路原理图如图 3-7 所示。

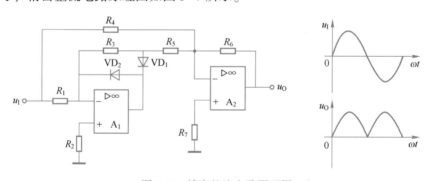

图 3-7　精密整流电路原理图

下面介绍电路工作原理。

1）当输入信号 u_1 为正极性时，因为 A_1 输入为正，输出为负，所以 VD_1 导通，VD_2 截止，此时输出电压为

$$u_{O+} = -\frac{R_6}{R_4}u_{I+} - \frac{R_6}{R_5}u_{O1}$$

u_{O1} 为 A_1 的输出电压，其值为

$$u_{O1+} = -\frac{R_3}{R_1}u_{I+}$$

将上两式合并，可得

$$u_{O+} = -\frac{R_6}{R_4}u_{I+} - \frac{R_6}{R_5}\left(-\frac{R_3}{R_1}u_{I+}\right)$$

$$= \left(\frac{R_6 R_3}{R_5 R_1} - \frac{R_6}{R_4}\right)u_{I+}$$

若选配 $R_1 = R_3$、$R_6 = R_4 = 2R_5$,则

$$u_{O+} = u_{I+}$$

2）当输入信号 u_1 为负极性时,VD_2 导通,VD_1 截止,u_{O1} 被 VD_1 切断,相应的输出电压为

$$u_{O-} = -\frac{R_6}{R_4}u_{I-} = -u_{I-}$$

因为 $u_{I-} < 0$,所以 $-u_{I-} > 0$。由此可得

$$u_O = |u_I|$$

即不论输入信号极性如何,输出信号总为正,且数值上等于输入信号的绝对值,因此实现了绝对值运算。

若电路参数 $R_1 = R_3 = 10\,k\Omega$、$R_6 = R_4 = 20\,k\Omega$、$R_5 = 10\,k\Omega$、运放选 LM358,从而可以实现精密整流运算。

3.3.2 集成真有效值芯片应用实例

集成真有效值芯片有 AD637、AD736 和 LTC1666 等,其中,AD637 应用最为广泛。AD637 是一片真有效值/直流变换集成电路,该芯片使用简单,调整方便,稳定时间短,读数准确稳定,输入电压幅度高 7 V(一般芯片为 200 mV),峰值可达 10 V。

AD637 是高精度单片 TRMS/DC 转换器,可以计算各种复杂波形的真有效值。采用峰值系数补偿,在测量峰值系数高达 10 V 的信号时,附加误差仅为 1%。在输入为 2 V 时,其带宽可达 8 MHz。AD637 引脚排列和内部结构框图如图 3-8 所示。

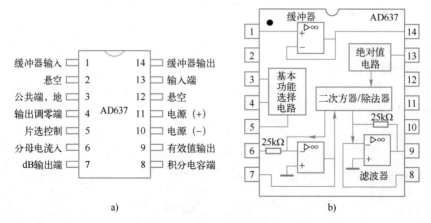

图 3-8　AD637 引脚图和内部结构框图
a) AD637 引脚图　b) AD637 内部结构框图

AD637 的输出电压直接送到 A/D 转换器就可以得到真有效值电压表。该芯片应用广泛，其典型电路如图 3-9 所示。图中 R_1、RP_1 为输出调零电路，通过调节 RP_1 从而调节 4 脚直流电压，4 脚也可以直接接地。RP_2 为幅度调节电路；C_2 为求绝对值平方的平均值的电容；R_2、C_3、R_3、C_4 及内置缓冲器构成输出二阶低通滤波器。

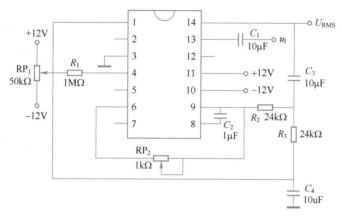

图 3-9　AD637 典型应用电路

电路的工作过程为：被测电压从经 C_1 送到 13 脚，经内部的绝对值电路后，将交流信号变换成正向脉动电压，经内部的平方电路和除法电路，再经过二阶低通滤波器后，得到真有效值。

由于 AD637 的输入电阻比较小（8 kΩ 左右），在实际应用中，输入前最好加一级电压跟随器，以提高转换精度。

【巩固与训练】

3.3.3　精密整流电路仿真测试

电路设计完成后，通过仿真软件 Proteus 验证其性能是否达到设计要求。

1. Proteus 电路设计

从 Proteus 元件库取出相关元器件：

● 电阻为 RES。

● 集成运放为 LM358。

● 普通二极管为 DIODE。

绘制仿真电路图，如图 3-10 所示。

2. 电路测试

信号源调节：

● 信号类型为 sine。

● 频率为 50 Hz。

● 电压（RMS）为 5 V。

设置好信号源参数后，单击运行按钮，输出波形为单向脉动直流信号，与理论分析结果一致，电路仿真结果如图3-10所示。

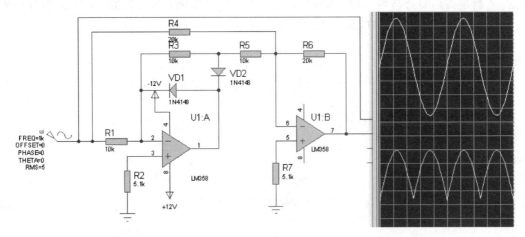

图3-10 精密整流电路仿真结果图

【应用与拓展】

1. 若前级电路的输入阻抗较大，则要求整流电路的输入阻抗也要大，请阅读项目基础知识，选择合适的电路，确定参数后进行仿真。

2. 查阅资料，选择一种有效值转换芯片（如AD637、AD736等），进行电路仿真或真空电路制作，并测试其转换效果。

任务3.4　交流电流检测电路设计与测试

【任务目标】

- 会分析交流电流检测电路工作原理。
- 掌握交流电流检测电路信号处理流程。
- 会设计滤波电路。
- 会利用Proteus仿真电路功能。
- 会测试电路的性能。

【任务学习】

3.4.1　交流电流检测
电路设计与分析

3.4.1　交流电流检测电路设计与分析

根据交流电流检测电路框图，交流电流表的电路图如图3-11所示，电路主要由电流互感器、I/U转换电路、绝对值电路、阻容滤波电路和调零与放大电路组成。

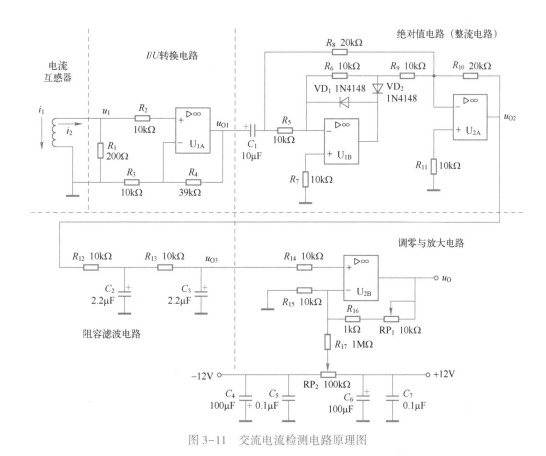

图 3-11 交流电流检测电路原理图

1. 电流/电压转换电路设计

U$_{1A}$ 及其外围元件 $R_1 \sim R_4$ 组成电流/电压转换电路，该电路将输入的 $0 \sim 5\,mA$ 的交流电流通过电路变换成 $0 \sim 1\,V$ 交流电压，再通过由 U$_{1A}$ 组成的同相放大电路（放大倍数为 4.9 倍）放大后得到 $0 \sim 4.9\,V$ 的交流电压信号。

2. 绝对值电路设计

U$_{1B}$、U$_{2A}$ 及其外围元件 $R_5 \sim R_{11}$ 组成绝对值电路（线性整流电路），将交流电压变换成单向脉动直流电压。根据前面分析可知，只要 $R_5 = R_6$ 和 $R_8 = R_{10} = 2R_9$ 即可实现转换，考虑到电路的输入阻抗不能太小，所以取 $R_5 = R_6 = 10\,k\Omega$、$R_8 = R_{10} = 20\,k\Omega$、$R_9 = 10\,k\Omega$，集成运放选 LM358。

3. 阻容滤波电路

为了获得比较好的滤波效果，一般取 $RC \geqslant 3 \sim 5\tau$，信号频率为 $1\,kHz$，采用 RC-π 型滤波电路，电阻取 $10\,k\Omega$，则电容取 $2.2\,\mu F$，从而可以提高滤波效果和减小纹波电压，经仿真与硬件测试，得到的直流电压约为 u_{O1} 的 0.86 倍。

4. 调零与放大电路

经绝对值电路和阻容滤波电路后，得到的直流电压约为 u_{O1} 的 0.88 倍，即当被测电流为 5 A（i_2 为 5 mA）时，u_{O1} 约为 4.9 V，u_{O3} 约为 4.3 V，根据项目要求，被测电流为 5 A 时，输出电压为 5 V，所以要进行适当的放大，放大倍数为 $A_{u2} = \dfrac{5\text{ V}}{4.3\text{ V}} = 1 + \dfrac{R_{16} + RP_1}{R_{15}} = 1.16$。

R_{15} 取 10 kΩ、$R_{16} + RP_1 = 1.6$ kΩ、R_{16} 取 1 kΩ、RP_1 取 10 kΩ，可以得到 1.1~1.6 倍的放大倍数。当被测电流为 5 A 时，通过调节 RP_1 可以得到 5 V 的直流电压。

RP_2、R_{17} 为零点漂调节电路，因只有一级放大电路，此电路可省略，误差不大。

【巩固与训练】

3.4.2 交流电流检测电路仿真与测试

电路设计完成后，通过软件仿真验证其性能是否达到设计要求，电路仿真利用 Proteus 软件实现。

1. Proteus 电路设计

从 Proteus 元件库取出相关元器件，主要元器件有：

- 电阻为 RES。
- 可调电阻为 POT-HG。
- 普通二极管为 DIODE。
- 无极性电容为 CAP。
- 电解电容为 CAP-ELEC。
- 集成运放为 LM358。

绘制电路图，电流传感器可用电流源代替，仿真电路图如图 3-12 所示。

3.4.2 交流电流检测
电路仿真与测试

2. 电路仿真测试

单击仿真按钮，运行仿真电路。先调试电路，调试步骤如下。

1）调零。接通电源，将增益电位器 RP_1 调节到中间位置，使输入电流为零，输出端 U_o 与直流电压表相连，调节 RP_2，使电压表读数为零，关闭电源。

2）将输入端输入 1 kHz、5 A 的正弦电流信号，调节 RP_1，使电压表读数为 5 V。

注意：仿真时电流源设置为 5 mA。

3. 电路测试

电路调试完成后，对电路的参数进行测试，当输入电流在 0~5 A（电流源调节为 0~5 mA）间变化时，测量出电路的输出电压，填入表 3-4，并分析计算灵敏度和线性度。

表 3-4　实测电路参数表

电流/A	0	0.5	1	1.5	2	2.5	3	3.5	4	4.5	5
输出电压/mV											

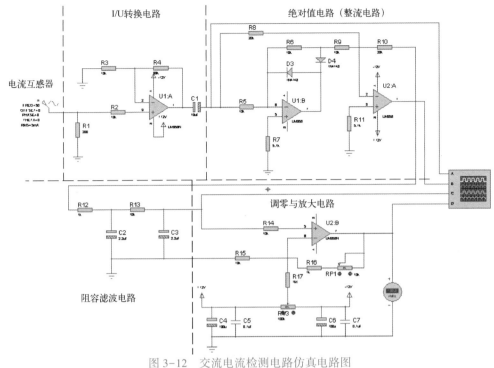

图 3-12　交流电流检测电路仿真电路图

任务 3.5　交流电流检测电路制作与测试

【任务目标】

- 掌握电路制作、调试、参数测量方法。
- 会制作、调试和测量电路参数。
- 会正确使用仪器、仪表。
- 会调试整体电路。

【任务学习】

3.5.1　电路制作

根据现代电子产品的设计流程，硬件电路设计完成后，可以利用电路仿真软件进行电路仿真（任务 3.4 已完成），以判断电路功能是否满足设计要求。当然，也可以利用实物直接进行电路制作。

1. 电路板设计

硬件电路制作可以在万能板上进行排版、布线并直接焊接，也可以通过印制电路板设计软件（如 Protel、Altium Designer 等）设计印制电路板，在实验室条件下可以通过转印、激光或雕刻的方法制作电路板，具体方法请参阅其他资料。

2. 列元器件清单

在电路制作之前，根据规范，应先列出元器件清单，并采购元器件，元器件清单如表 3-5 所示。

表 3-5 元器件清单

序 号	元器件名称	元器件标号	元器件型号或参数	数 量
1	电阻	R_1	200 Ω	1
2		R_2、R_3、R_5、R_6、R_7、R_9、R_{11}、R_{13}、R_{14}、R_{15}	10 kΩ	10
3		R_4	39 kΩ	1
4		R_8、R_{10}	20 kΩ	2
5		R_{12}、R_{16}	1 kΩ	2
6		R_{17}	1 MΩ	1
7	电位器（3296）	RP_1	10 kΩ	1
8		RP_2	100 kΩ	1
10	电容	C_1	10 μF/16 V	2
11		C_2、C_3	2.2 μF/16 V	2
12		C_4、C_6	100 μF/16 V	2
13		C_5、C_7	0.1 μF/16 V	2
14	二极管	VD_1、VD_2	1N4148	2
15	集成运放	U_{1A}、U_{1B}、U_{2A}、U_{2B}	LM358	2
16	8 脚 DIP 底座	U_{1A}、U_{1B}、U_{2A}、U_{2B}	DIP8	2
17	单排针		2.54 mm	10

3. 电路装配

（1）仪器工具准备

● 焊接工具一套。

● 数字万用表一个。

（2）电路装配工艺

1）清点元器件。

根据表 3-5 的元器件清单，清点元器件数量，检测电阻参数、电解电容和瓷片电容等元器件参数是否正确。

2）焊接工艺。

要求焊点光滑，无漏焊、虚焊等；电阻、集成块底座、电位器、电解电容紧贴电路板，瓷片电容、晶体管引脚到电路板留 3~5 mm。

3）焊接顺序。

由低到高。本项目分别是电阻→集成块底座→排针→瓷片电容→电解电容→电位器。

注意：电解电容的正负极、集成块的方向等。

在电路制作的过程中，注意遵守职场的 6S 管理要求。

3.5.2　电路调试

1. 调试工具

- 交流调压器。
- 双路直流稳压电源。
- 万用表。
- 一字螺钉旋具。

2. 通电前检查

电路制作完成后，需要进行电路调试，以实现相应性能指标。在通电前，要检查电路是否存在虚焊、桥接等现象，更重要的是要通过万用表检查电源线与地之间是否存在短路现象。

3. 电路调试

经过通电前检查后，即可进行电路功能调试。

电路的调试主要有两方面内容：调零（放大电路零点漂移调节）和输出电压范围调节（放大倍数）。

具体的步骤为：

1）调零。接通电源，将增益电位器 RP_1 调节到中间位置，使输入电流为 OA，输出端 U_o 与直流电压表相连，调节 RP_2，使电压表读数为零，关闭电源。

2）在输入电流调为 5 A，调节 RP_1，使电压表读数为 5 V。

注意：调试也可以用信号发生器提供交流电压来进行。

【巩固与训练】

3.5.3　检测电路性能测试

电路调试完成后，其性能指标是否达到设计要求，需要通过对电路的参数进行测试、分析才能确定。通过实验，测量出电路的输出参数，并填入表 3-6，分析计算灵敏度和线性度。

表 3-6　实测电路参数表

电流/A	0	0.5	1	1.5	2	2.5	3	3.5	4	4.5	5
输出电压/mV											

相 关 知 识

3.6 其他绝对值电路（整流电路）

3.6.1 高输入阻抗绝对值电路

由于精密整流电路信号从反相端输入，所以其输入阻抗较低。若信号内阻较大，信号源与绝对值电路之间不得不接入缓冲级，从而使电路复杂化。针对这种情况，可以采用同相输入方式，如图 3-13 所示。从图中可以看出，电路的输入电阻为两个运算放大器共模输入电阻的并联阻值，可高达 10 MΩ 以上。

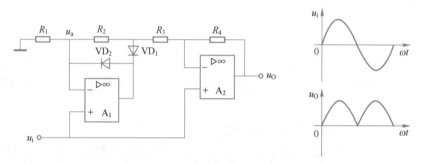

图 3-13　高输入阻抗绝对值电路

当输入信号 u_i 为正极性时，因为 A_1 是输入为正，输出为正，所以 VD_2 导通，VD_1 截止，此时 A_1 构成电压跟随器，$u_a = u_{i+}$，A_2 为减法电路，此时电路输出电压为

$$u_{O+} = \left(1 + \frac{R_4}{R_2 + R_3}\right)u_{i+} - \frac{R_4}{R_2 + R_3}u_{i+} = u_{i+} \tag{3-1}$$

当输入信号为负极性时，VD_1 导通，VD_2 截止，此时 A_1 构成同相放大电路，其输出电压为

$$u_{O1-} = \left(1 + \frac{R_2}{R_1}\right)u_{i-} \tag{3-2}$$

u_{O1} 与输入信号 u_i 叠加到 A_2 的输入端，此时输出电压为

$$u_{O-} = \left(1 + \frac{R_4}{R_3}\right)u_{i-} - \frac{R_4}{R_3}u_{O1-}$$

$$= \left(1 + \frac{R_4}{R_3}\right)u_{i-} - \frac{R_4}{R_3}\left(1 + \frac{R_2}{R_1}\right)u_{i-} \tag{3-3}$$

若选配 $R_1 = R_2 = R_3 = R_4/2$，则 $u_{O-} = -u_{i-}$，因 $u_{i-} < 0$，所以 $-u_{i-} > 0$，实现了绝对值运算。

3.6.2 减小匹配电阻型绝对值电路

前面分析的电路中，若要实现高精度绝对值转换，必须精确匹配图中的各个电阻，从而给批量生产带来了困难，图 3-14 为改进后的检测电路，该电路只要精确匹配 $R_1 = R_2$，即可实现高精度绝对值转换，而选取 $R_4 = R_5$，是为了减小放大器的偏置电流的影响。

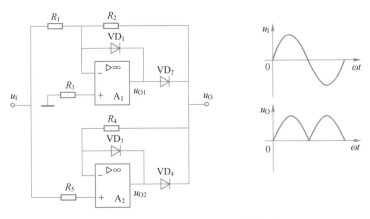

图 3-14 减小匹配电阻型绝对值电路

图 3-14 中，A_1 组成反相型半波整流电路，A_2 组成同相型半波整流电路，两者相加就得到了绝对值电路。因 VD_2、VD_4 均工作于反馈回路之中，故其正向压降对整个电路灵敏度的影响将被减小。

当输入电压为正极性时，VD_1、VD_4 导通，VD_2、VD_3 截止，电路输出 $u_O = u_{O2}$。由于 A_2 实际上是一个电压跟随器，所以

$$u_O = u_{i+} \tag{3-4}$$

而当输入电压为负极性时，VD_2、VD_3 导通，VD_1、VD_4 截止，此时电路就是由 A_1、R_1、R_2 构成的反相电路，此时输出电压为

$$u_O = (-u_{i-}) \frac{R_2}{R_1} \tag{3-5}$$

由式（3-5）可知，$R_1 = R_2$ 时，即可实现高精度的变换。实际应用中，为了确保 VD_2、VD_4 可靠截止，常在 VD_1、VD_3 中串入适当电阻，以提高 VD_1、VD_3 的反相偏置电压。

3.7 有效值检测电路设计

有效值在工程上是一种常见的重要参数。在电气测量上，它反映交流量（电压、电流等）的大小；在机械振动中，它反映动能和位能的大小，尤其是在随机振动中，如测出某个窄带内的有效值，就可以得到功率谱密度，从而可以对随机振动进行频谱分析或控制。

电气工程中，交流电量的测量，一般都是交流变换成直流以后再进行测量，可以通过平均值、峰值等电路测量相应参数，然后再折算成有效值。

以测量交流电流为例，可根据周期性电流的热效应来进行有效值的测量。根据焦耳-楞

次定律，周期电流 $i(t)$ 在一个周期 T 内通过电阻 R 所产生的热量为

$$Q = 0.24 \int_0^T R i^2(t)\,\mathrm{d}t \qquad (3-6)$$

如果同一时间内，有效值电流 I 流过同一电阻 R，那么其产生的热量是 $0.24RI^2T$，要两种电流热效应相等，并定义电流 I 的大小为交流电流的有效值，则

$$I = \sqrt{\frac{1}{T} \int_0^T i^2(t)\,\mathrm{d}t} \qquad (3-7)$$

同样，交流电压的有效值为

$$U = \sqrt{\frac{1}{T} \int_0^T u^2(t)\,\mathrm{d}t} \qquad (3-8)$$

3.7.1　有效值检波器的工作原理

真有效值检测的实质是平方律检波，即首先要求检波器输出的直流信号能够正比于输入电压的平方。设检波器的伏安特性具有如图 3-15 所示的平方律关系。

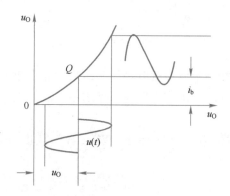

图 3-15　真有效值检波器的伏安特性

令工作点为 Q，正向电压为 u_b，则检波器的电流为

$$i = k\left[U_b + 2u(t)\right]^2 = kU_b^2 + 2kU_b u(t) + k u^2(t) \qquad (3-9)$$

式中，$u(t)$ 为任意开关非正统电压，k 为平方律检波系数。

其平均电流可以表示为

$$I = kU_b^2 + 2kU_b\left[\frac{1}{T}\int_0^T u(t)\,\mathrm{d}t\right] + k\left[\frac{1}{T}\int_0^T u^2(t)\,\mathrm{d}t\right] \qquad (3-10)$$

式中，U_b 为没有输入信号时检波器的起始电压；$\dfrac{1}{T}\int_0^T u(t)\,\mathrm{d}t$ 为 $u(t)$ 的平均值；$\dfrac{1}{T}\int_0^T u^2(t)\,\mathrm{d}t$ 为 $u(t)$ 的有效值二次方。

所以，式 (3-10) 可以表示为

$$\bar{I} = kU_b^2 + 2kU_b\,\bar{U} + k\,\overline{U^2} \qquad (3-11)$$

式中，前两项起始电流和平均电流可以在电路中采取措施来消除，则检测波器在 $u(t)$ 的作用下，产生的直流增量为

$$\overline{I} = k\,\overline{U^2} \tag{3-12}$$

可见，不管 $u(t)$ 的波形如何，经平方律器件检波器件检波后产生的直流分量，均取决于被测电压 $u(t)$ 的有效值。

3.7.2   有效值检测电路

1. 运算电路构成真有效值检测电路

电路原理图如图 3-16 所示，A_1、A_2、A_3 为单位增益的加法器，A_4 为积分器，M 为高精度模拟时分割乘法器。

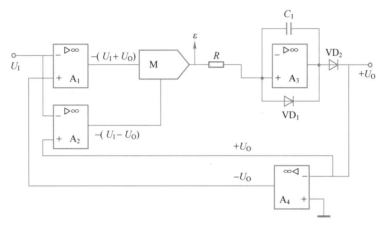

图 3-16   由运算电路构成的真有效值检测电路原理图

乘法器的输入为 $U_0 - U_I$ 及 $-(U_0 + U_I)$，其输出电压为

$$\varepsilon = k(U_0^2 - U_I^2) \tag{3-13}$$

当系统平衡时，M 输出为零，可得

$$k(U_0^2 - U_I^2) = 0 \tag{3-14}$$

因此

$$U_0 = \pm\sqrt{U_I^2} \tag{3-15}$$

可见，系统的输出电压就代表了输入电压的均方根值，也就是真有效值。

若输入电压不是纯正弦波，而是含有三次谐波，即：

$U_I = U_1\sin\omega t + U_3\sin(3\omega t + \varphi_3)$，则

$$
\begin{aligned}
U_I^2 &= \frac{U_1^2 + U_3^2}{2} - \frac{1}{2}\left[U_1^2\cos2\omega t + U_3^2\cos6\omega t + 2\varphi_3\right] + U_1U_3\left[\cos(2\omega t + \varphi_3) - \cos(4\omega t + \varphi_3)\right] \\
&= \varepsilon_{DC} + \varepsilon_{AC}
\end{aligned}
\tag{3-16}
$$

可见，乘法器的输出电压含有直流和交流两种分量。如果积分器的时间常数足够大，则交流成分 ε_{AC} 将被滤去，因此

$$U_0 = \pm\sqrt{U_I^2} = \pm\sqrt{(U_1^2 + U_3^2)/2} \tag{3-17}$$

可见，代表失真电压的真有效值电压 U_0 是正负极性变化的。图 3-16 中由于 VD_2 的单向导电作用，使得 U_0 只有正极性输出。

2. 乘法器与开方器组合电路

图 3-17 是乘法器 M_1 与开方器 M_2 组合式真有效值检测电路。输入电压 $u_1(t)$ 先经乘法器 M_1 使其输出电压 $u_1(t)=u_1^2(t)$，然后再经 R_1、C 将 $u_1(t)$ 积分，最后再通过 A_2、M_2 组成的开方器求其二次方根值，即完成了真有效值的检测。

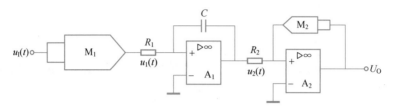

图 3-17　乘法器与开方器组合式真有效值检测电路

3. 平方差式

图 3-18 所示是平方差式真有效值检测电路。其中，M 是差动输入四象限乘法器，对应的四个输入信号分别为 X_+、X_-、Y_+、Y_-，其输出量为

$$u_1(t)=-a(X_+-Y_+)(X_--Y_-) \tag{3-18}$$

根据图 3-18 所示的连接方式可得

$$u_1(t)=-a(-U_0-U_1)(U_1-U_0)=a(U_1^2-U_0^2) \tag{3-19}$$

由于 A_2 的积分作用，使得 $u_1(t)$ 的稳态值趋近于零，因此积分器的输出电压即为被积电压的平均值，也就达到了有效值检测的目的。

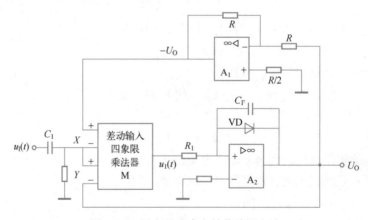

图 3-18　平方差式真有效值检测电路

3.7.3　真有效值测量精度与波形的关系

如果采用真有效值测量电路，则理论上讲测量精度应该与波形无关，但因受具体电路特性限制，测量精度与波形存在一定的关系。具体说，测量精度主要是受电路的频率响应和可能被测幅度的范围限制，以致在有效值相等但波形不同的被测信号中，可能有一部分信号的高次谐波分量超出了电路的允许频率范围，从而引起了精度下降。

（1）谐波分量的影响

任何非正弦信号，都可以按傅里叶级数展开，凡超过有效值测量电路频率之外的高次谐波分量都将被滤去，从而造成测量误差。

以方波为例，其傅里叶级数展开形式为

$$u(t) = \frac{4A}{\pi}\left(\sin\omega t + \frac{1}{3}\sin3\omega t + \frac{1}{5}\sin5\omega t + \cdots\right) \qquad (3\text{-}20)$$

其有效值为

$$U = \frac{4A}{\sqrt{2}\,\pi}\sqrt{1 + \left(\frac{1}{3}\right)^2 + \left(\frac{1}{5}\right)^2 + \cdots} = A \qquad (3\text{-}21)$$

假定基波频率为 1 kHz，仪器通频带是 20 kHz，则仪器只能测到 19 次谐波，即

$$U_0 = \frac{4A}{\sqrt{2}\,\pi}\sqrt{1 + \left(\frac{1}{3}\right)^2 + \left(\frac{1}{5}\right)^2 + \cdots + \left(\frac{1}{19}\right)^2} \approx 0.99A \qquad (3\text{-}22)$$

则误差为

$$\Delta = \frac{U_0 - U}{U} \times 100\% \approx -1\% \qquad (3\text{-}23)$$

显然，信号频率越高，误差越大。因此在使用有效值检测电路时，一定要全面衡量电路频响与被测信号之间的关系，这样才能保证检测的精度。

（2）波峰因数的影响

波峰因素 K_p = 峰值/有效值，因此虽有效值相等，但波峰因数不同的信号其峰值也各不相同。波峰因数越大，峰值就越大。此时，信号有效值可能在测量的范围之内，但由于波峰因数太大，其幅值有可能超出测量电路的最大动态范围，因而引起误差。再则，即使测量电路的动态范围足够大，但是高波峰因数的信号其高次谐波分量比较丰富，信号有可能超过测量电路的通频带，进而引起误差。

习题 3

1. 微型电流互感器，变比为 5000∶1，被测电流为 5 A，则二次侧电流为多少？
2. 电流/电压转换的基本原理是什么？
3. 画出反相输入型 I/U 转换电路，写出输出电压与输入电流的关系。
4. 分析精密整流电路工作原理，画出输入信号及输出信号的波形。
5. 画出交流电流检测电路方框图，分析各部分的作用。
6. 写出电路调试步骤。

项目 4 简易酒驾报警器电路设计与制作

【项目要求】

- 被测酒精浓度：$0 \sim 1000\,\mathrm{mg/L}$。
- 被测酒精气体浓度达到（$20\,\mathrm{mg}/100\,\mathrm{mL}$）时发出黄色信号报警；被测酒精气体浓度达到醉驾标准（$80\,\mathrm{mg}/100\,\mathrm{mL}$）时发出红色信号报警。
- 输出电压范围：$0 \sim 5\,\mathrm{V}$。
- $9\,\mathrm{V}$ 电池供电。

【知识点】

- 气敏传感器基本知识。
- 气敏传感器的接口电路。
- 电压比较器工作原理。
- 控制电路工作原理。

【技能点】

- 会应用气敏传感器实现信号检测。
- 会测试电压比较器。
- 会调试酒驾报警器检测电路。

【项目学习内容】

- 常用的气敏传感器。
- 电压比较器工作原理。
- 会分析、设计酒驾报警器电路。

项 目 分 析

【任务目标】

- 掌握项目组成框图。
- 理解系统各部分的作用。

项目 4 项目分析

【任务学习】

酒驾报警器作为一种便携式设备，计划采用9V电池供电，根据项目
要求，结合酒精传感器MQ-3的基本特性，本项目酒驾报警器电路框图如图4-1所示。

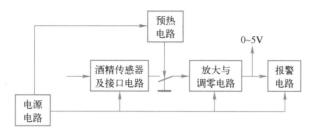

图4-1 酒驾报警器电路框图

预热电路是在电源接通一段时间内（10 s左右），对传感器进行预热，此时检测电路不输出电压，防止报警电路测量误动作。电源电路是将直流9V电源变成5V，给MQ-3的加热电阻提供电源。传感器及接口电路将不同浓度的酒精蒸汽转换成与之成比例的直流电压。放大与调零电路是在被测酒精浓度为0~1000 mg/mL时，使电路输出0~5V的标准电压。报警电路根据血液中酒精浓度决定是否发出报警信号和发出哪种报警信号（酒驾或醉驾）。

【巩固与训练】

查阅资料，讨论图4-1中为什么要有预热电路。

任 务 实 施

任务4.1 酒精传感器的选用与测试

【任务目标】

- 会根据项目要求选用酒精气敏传感器。
- 掌握酒精气敏传感器MQ-3的气敏特性。
- 掌握酒精气敏传感器MQ-3接口电路设计方法。

【任务学习】

4.1.1 气敏传感器的特性

1. 气敏传感器的选用原则

气敏传感器种类较多，使用范围较广，其性能差异大，在工程应用中，应根据具体的使

用场合、要求进行合理选择。

（1）使用场合

气体检测主要分为工业用和民用两种情况，不管是哪一种场合，气体检测的主要目的是为了实现安全生产，保护生命和财产的安全。就其应用目的而言，主要有三方面：测毒、测爆和其他检测。测毒主要是检测有毒气体的浓度不能超标，以免工作人员中毒；测爆则是检测可燃气体的含量，超标则报警，避免发生爆炸事故；其他检测主要是为了避免间接伤害，如驾驶人酒后驾车的酒精浓度的检测与报警。

因每一种气敏传感器对不同的气体敏感程度不同，只能对某些气体实现更好的检测，因此在实际应用中，根据检测的气体不同选择合适的传感器。

（2）使用寿命

不同气敏传感器因其制造工艺不同，其寿命不尽相同，针对不同的使用场合和检测对象，应选择相对应的传感器。如一些安装不太方便的场所，应选择使用寿命比较长的传感器。光离子传感器的寿命为4年左右，电化学特定气体传感器的寿命为1~2年，电化学传感器的寿命取决于电解液的多少和有无，氧气传感器的寿命为1年左右。

（3）灵敏度与价格

灵敏度反映了传感器对被测对象的敏感程度，一般来说，灵敏度高的气敏传感器其价格也贵，在具体使用中要均衡考虑。在价格适中的情况下，尽可能地选用灵敏度高的气敏传感器。

2. MQ-3酒精气敏传感器特性

酒精气敏传感器是检测酒精气体的浓度并将其转换为电参量的传感器。常用的酒精传感器有燃料电池型（电化学）、半导体型、红外线型、气体色谱分析型和比色型五种类型。

目前，通用的酒精传感器以半导体型气敏传感器为主，当传感器所处环境中存在酒精蒸气时，传感器的电导率随空气中酒精蒸气浓度的增加而增大。本项目选用MQ-3酒精气敏传感器（后文简称MQ-3），其材料为二氧化锡（SnO_2）。MQ-3实物图和引脚排列图分别如图4-2和图4-3所示。

图4-2 MQ-3实物图

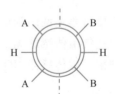

图4-3 MQ-3引脚排列图

图4-3中，两个H之间为加热丝，其供电电压为5 V的交流或直流电压。A、B之间为敏感体电阻，两个A、B内部已经连接。MQ-3的参数如表4-1所示，其灵敏度特性曲线如图4-4所示。

表 4-1　MQ-3 参数

名　称	参　　数	名　称	参　　数
检测气体	酒精蒸汽	加热电阻	$31\pm3\,\Omega$
探测范围	$0.04\sim4\,\text{mg/L}$	加热电流	$\leqslant180\,\text{mA}$
灵敏度	$R_{空气}/R_{典型气体}\geqslant5$	加热电压	$5\pm0.2\,\text{V}$　DC 或者 AC
响应时间	$\leqslant10\,\text{s}$	加热功率	$\leqslant900\,\text{mW}$
		测量电压	$\leqslant24\,\text{V}$
敏感体电阻	$2\sim20\,\text{k}\Omega$（在 0.4 mg/L 酒精中）	工作条件	环境温度：$-10\sim50$℃；湿度：$\leqslant$ 95%RH
恢复时间	$\leqslant30\,\text{s}$	贮存条件	温度：$-20\sim70$℃；湿度：$\leqslant70$%RH

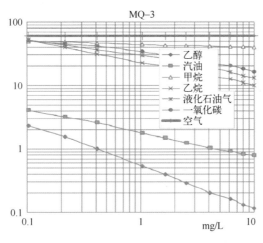

图 4-4　MQ-3B 灵敏度特性曲线

4.1.2　MQ-3 接口电路设计

MQ-3 是一种电阻型气敏传感器，当 MQ-3 置于浓度不同的酒精气体中时，其 A、B 间的敏感电阻值不同，根据电阻值变化即可知道气体浓度。

实际测量中，通常将传感器和电阻串联实现检测，图 4-5 为 MQ-3 接口电路，图中 R_L 为负载电阻。由图可知，在 R_L 一定的情况下，当气体浓度不同时，传感器的敏感体电阻值改变，输出电压 U_O 也就不同，即

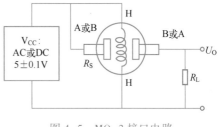

图 4-5　MQ-3 接口电路

$$U_O = \frac{R_L}{R_L + R_S} V_C$$

一般情况下，气体浓度越高，其敏感体电阻值越小，其输出电压也越大。

【巩固与训练】

4.1.3　MQ-3 接口电路测试

准备 100 mL 酒精（白酒也可），按图 4-5 连接电路，R_L 取 1~10 kΩ，通电后预热 1 min 左右，用万用表直流电压档测量输出端电压 U_0，把酒精由远及近靠近传感器（酒精放在下方），观察电压表读数的变化并讨论。

结论：

当酒精由远及近靠近传感器时，酒精气体浓度由_____变_____，输出电压由_____变_____，结合电路原理可知，传感器的电阻由_____变_____。（填大、小、高、低）

【应用与拓展】

如果想测量其他气体浓度，如二氧化碳浓度，选择哪种传感器？画出检测电路并进行测试。

任务 4.2　酒驾报警器电路设计与测试

【任务目标】

- 会用三端稳压器设计降压电路。
- 理解预热电路的原理。
- 会分析放大电路、控制电路原理。
- 会测试电路的性能。

【任务学习】

4.2.1　酒驾报警器检测电路设计与分析

根据项目要求，当被测酒精浓度范围为 0~1000 mg/L（百万分之一），输出电压为 0~5 V。被测酒精气体浓度达到 200 mg/L（酒驾，20 mg/100 mL）时发出黄色信号报警；被测酒精气体浓度达到 800 mg/L（醉驾，80 mg/100 mL）时发出红色信号报警。酒驾报警器电路原理图如图 4-6 所示。

1. 电源电路设计分析

系统采用 9 V 电池供电，而酒精传感器的加热电极采用 5 V 电源驱动，所以要将 9 V 电压降成 5 V，以供传感器使用，电路采用三端稳压芯片 LM7805 实现降压，电容 C_1、C_2 和 C_3 起滤波作用。

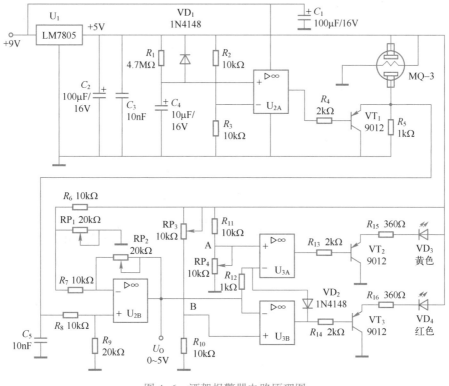

图 4-6　酒驾报警器电路原理图

2. 传感器及接口电路

传感器检测电路由 MQ-3、R_5 构成，输出与被测酒精浓度成正比的电压，当酒精浓度为 0~1000 mg/L 时，其输出电压为 100 mV~4 V。

3. 预热电路设计

由于气敏传感器在正常工作时要预热一段时间（10~30 s），在这段时间内，传感器不能进行检测。通过预热电路使得传感器在接通电源的一段时间内无信号输出，以免产生错误检测。

预热电路由 U_{2A}、R_1、R_2、R_3、R_4、VD_1、C_4 和 VT_1 组成，在接通电源的一段时间内（其延时时间可由公式 $t = R_1 C_4 \ln\left(1 - \dfrac{U_1}{U_2}\right)$ 来计算），使 U_{2A} 输出低电压 0 V，使 VT_1 导通，封锁了传感器的输出信号，防止传感器在预热阶段电路输出错误信号。

4. 放大电路

在被测气体浓度为 0~1000 mg/L 时，传感器输出电压为 100 mV~4 V，为了实现输出 0~5 V 的直流电压，要对传感器输出的信号进行放大和相关处理。线性放大电路由 U_{2B}、RP_1、RP_2 和 R_6~R_9 等元器件组成，通过 RP_1 和 R_6 分压来获得 100 mV 左右的直流电压，使得电路无被测气体时，U_{2B} 输出电压为 0 V。而当被测气体浓度为 1000 mg/L 时，通过调节 RP_2 来改变放大倍数，使 U_{2B} 输出为 5 V。因传感器输出电压为 0~4 V，所以要对该信号进行放大，其

放大倍数为 $\dfrac{RP_4}{R_7} = \dfrac{5}{4} = 1.25$，电路中，$R_7$ 取 $10\,\mathrm{k\Omega}$，则 RP_2 的值为 $12.5\,\mathrm{k\Omega}$，取 $20\,\mathrm{k\Omega}$ 的可调电阻，这样就可以实现测气体浓度为 $0 \sim 1000\,\mathrm{mg/L}$ 时输出 $0 \sim 5\,\mathrm{V}$ 的直流电压。

5. 报警电路设计

线性放大电路输出电压与被测气体浓度成正比，报警电路有两个报警点：$200\,\mathrm{mg/L}$ 和 $800\,\mathrm{mg/L}$，此时放大电路的输出电压分别为 $1\,\mathrm{V}$ 和 $4\,\mathrm{V}$，由此可得，当线性放大电路输出 $U_0 < 1\,\mathrm{V}$ 时，电路不报警；$1\,\mathrm{V} < U_0 < 4\,\mathrm{V}$ 时，黄灯报警，表示酒驾；$U_0 > 4\,\mathrm{V}$ 时，红灯报警，表示醉驾。

报警电路可以通过两个电压比较器来实现，即图 4-6 中的 U_{3A} 和 U_{3B}。调节 RP_4 使 $V_A = 1\,\mathrm{V}$，调节 RP_3 使 $V_B = 4\,\mathrm{V}$，这样就可实现上述要求。如果 $U_0 < 1\,\mathrm{V}$，则 U_4 和 U_5 均输出高电平，晶体管 VT_2 和 VT_3 截止，黄灯和红灯均不亮，表示没有酒驾。

$1\,\mathrm{V} < U_0 < 4\,\mathrm{V}$ 时，U_{2B} 输出高电平，VT_3 截止，红灯灭，而 U_{2A} 输出低电平，VT_2 导通，黄灯亮，表示饮酒驾驶；而当 $U_0 > 4\,\mathrm{V}$ 时，U_{2B} 输出低电平，晶体管 VT_3 均导通，红灯亮，表示醉酒驾驶；而 U_{3B} 输出的低电平使二极管 VD_2 导通，U_{3A} 的反相端为低电平，则 U_4 输出高电平，VT_2 截止，黄灯灭。

目前，电子产品已进入智能化时代，单片机等微控制器应用广泛，为了使检测更加准确，则可通过 A/D 转换实现数字化处理，这样将 U_0 送单片机系统的 A/D 转换器，可以显示具体的被测者呼气酒精含量，并进行数字显示，由单片机 I/O 口输出控制信号，则 U_{3A} 和 U_{3B} 可省掉。

【巩固与训练】

4.2.2　酒驾报警器检测电路仿真与测试

电路设计完成后，通过软件仿真验证其性能是否达到设计要求，电路仿真利用 Proteus 软件实现。

1. Proteus 电路设计

从 Proteus 元件库取出相关元器件，主要元器件有：
- 电阻为 RES。
- 可调电阻为 POT-HG。
- 普通二极管为 DIODE。
- 晶体管为 PNP。
- 无极性电容为 CAP。
- 电解电容为 CAP-ELEC。
- 集成运放为 LM358。
- 发光二极管为 LED-YELLOW（黄），LED-RED（红）。
- 三端稳压器为 7805。

绘制电路图，酒精传感器采用可调电阻 R_S 模拟，仿真电路图如图 4-7 所示。

4.2.2　酒驾报警器
电路仿真
与测试

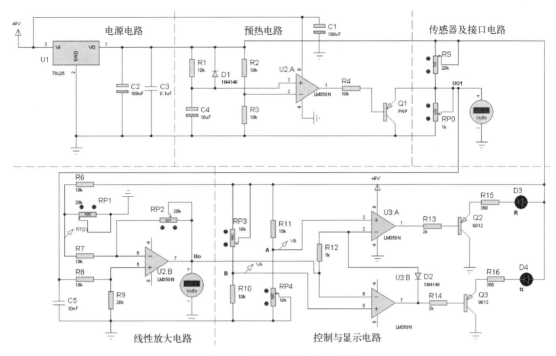

图 4-7　酒驾警器仿真电路图

2. 电路仿真测试

单击"仿真"按钮，运行仿真电路，先调试电路，调试步骤如下。

（1）零点调节

调零的目的是当无被测酒精蒸汽时，使电路输出电压为 0 V。

模拟方法：R_S 用可调电阻 RP_0 代替，调节 R_S 到最大值（可调端调到最上边，配合 RP_0 调节），使 U_{01} 为 100 mV，调节 RP_1，使检测电路输出电压由正值刚好变为 0 V。

（2）满度调节

调节的目的是当被测气体浓度达到 1000 mg/L 时，使输出电压为最大值（5 V）。

模拟方法：调节 R_s 使 U_{01} 电压为 4 V，调节 RP_2（放大倍数）使检测电路输出电压 U_0 为 5 V。

反复调节步骤 1）、步骤 2）2~3 次。

（3）报警电路调节

调节 RP_4，使 $V_A = 1$ V，以检测酒精浓度是否超过 200 mg/L（20 mg/100 mL）。调节 RP_3，使 $V_B = 4$ V，以检测酒精浓度是否超过 800 mg/L（80 mg/100 mL）。到此调试完毕，可以去现场进行测试了。

3. 电路测试

调节 R_s，使 U_{01} 两端电压逐渐增大（表示气体浓度由低到高变化），观察两个发光二极管的变化情况，并分析与设计要求是否一致。

任务4.3 酒驾报警器电路制作与调试

【任务目标】

- 掌握电路制作、调试、参数测量方法。
- 会制作、调试和测量电路参数。
- 会正确使用仪器、仪表。
- 会调试整体电路。
- 注意工作现场的6S管理要求。

【任务学习】

4.3.1 酒驾报警电路制作

根据现代电子产品的设计流程，硬件电路设计完成后，可以利用电路仿真软件进行电路仿真（任务4.2已完成），以判断电路功能是否满足设计要求。当然，也可以利用实物直接进行电路制作。

1. 电路板设计

硬件电路制作可以在力能板上进行排版、布线并直接焊接，也可以通过印制电路板设计软件（如Protel、Altium Designer等）设计印制电路板，在实验室条件下可以通过转印、激光或雕刻的方法制作电路板，具体方法请参阅其他资料。

2. 列元器件清单

根据电路原理图，列出元器件清单，如表4-2所示，以便进行元器件准备与查验。

表4-2 元器件清单

序 号	元器件名称	元器件标号	元器件型号或参数	数 量
1	电阻	R_1	$4.7\,M\Omega$	1
2		R_2、R_3、R_6、R_7、R_8、R_{10}、R_{11}	$10\,k\Omega$	7
3		R_4、R_{13}、R_{14}	$2\,k\Omega$	3
4		R_5、R_{12}	$1\,k\Omega$	2
5		R_9	$20\,k\Omega$	1
6		R_{15}、R_{16}	$360\,\Omega$	2
7	电位器（3296）	R_{P1}、R_{P2}	$20\,k\Omega$	2
8		R_{P3}、R_{P4}	$10\,k\Omega$	2
10	电容	C_1、C_2	$100\,\mu F/16\,V$	2
11		C_3、C_5	$10\,nF$	2
12		C_4	$10\,\mu F/16\,V$	2

（续）

序　号	元器件名称	元器件标号	元器件型号或参数	数　量
13	二极管	VD_1、VD_2	1N4148	2
14	发光二极管	VD_3、VD_4	Φ3 黄、红各 1	2
15	晶体管	VT_1、VT_2、VT_3	9012	3
16	稳压器	U_1	78L05	1
17	集成运放	U_{3A}、U_{3B}、U_{2A}、U_{2B}	LM358	2
18	8 脚 DIP 底座	U_{3A}、U_{3B}、U_{2A}、U_{2B}	DIP8	2
19	单排针		2.54 mm	10

3. 电路装配

（1）仪器工具准备

● 焊接工具一套

● 数字万用表一块

（2）电路装配工艺

1）清点元器件。

根据表 4-2 的元器件清单，清点元器件数量，检测电阻参数、电解电容和瓷片电容等元器件参数是否正确。

2）焊接工艺。

要求焊点光滑，无漏焊、虚焊等；电阻、集成块底座、电位器、电解电容紧贴电路板，瓷片电容、晶体管引脚到电路板留 3~5 mm。

3）焊接顺序。

由低到高。本项目分别是电阻→普通二极管→集成块底座→排针→瓷片电容→晶体管→电解电容→电位器→三端稳压器。

注意：电解电容的正负极、三端集成稳压块和集成块的方向等。

在电路制作的过程中，注意遵守职场的 6S 管理要求。

4.3.2　电路调试

1. 调试工具

● 数字万用表。

● 一字螺钉旋具、十字螺钉旋具各一把。

● 标准酒精度测试仪。

2. 通电前检查

电路制作完成后，需要进行电路调试，以实现相应性能指标。在通电前，要检查电路是否存在虚焊、桥接等现象，更重要的是要通过万用表检查电源线与地之间是否存在短路现象。

3. 电路调试

在确保电源不短路的情况下，可以通电调试。接通常电源后，要通过眼、鼻等感觉器官判断电路是否工作正常，若电路正常，则进行电路功能调试。

（1）零点调节

调零的目的是当无被测酒精蒸汽时，使电路输出电压为 0 V。

调节方法：在无酒精的情况下，调节 RP_1，使输出电压 U_0 为 0 V。

（2）满度调节

调节的目的是当被测气体浓度达到 1000 mg/L 时，使输出电压为最大值（+5 V）。

调节方法：将酒精传感器放入浓度为 1000 mg/L 的酒精气体中，调节 RP_2 使检测电路输出电压 U_0 为+5 V。

反复调节步骤（1）、步骤 2~3 次。

（3）报警电路调节

调节 RP_4，使 $V_A = 1$ V，酒驾报警点电压（代表 20 mg/100 mL 对应的电压值）。调节 RP_3，使 $V_B = 4$ V，醉驾报警点电压（代表 80 mg/100 mL 对应的电压值），到此调试完毕。

4.3.3 简易酒驾测试仪性能测试

电路调试完成后，其性能指标是否达到设计要求，需要通过对电路的参数进行分析才能确定。本项目主要测试两个指标：精度和线性度。

电路调试完成后，对检测电路的性能进行测试，分别测量 MQ-3 酒精气体浓度下电路的输出电压，填入表 4-3。

表 4-3　测量数据

浓度/ppm	0	100	200	300	400	500	600	700	800	900	1000
电压/V											

【应用与拓展】

气体报警电路还有很多，请查阅资料，设计一个家用燃气泄漏报警器。

相 关 知 识

4.4　气敏传感器的分类及原理

在工业生产和大气环境中，常要检测某些气体的有无和浓度，如煤矿井下的瓦斯气体浓度、驾驶人血液中酒精尝试检测。湿度检测在工农业生产、医疗卫生、食品加工以及日常生活中，具有非常重要的地位与作用，直接关系到产品的质量。如半导体制造中，静电电荷与湿度有直接关系等。

4.4.1 气敏传感器的分类及原理

气敏传感器是一种检测特定气体并将其转换为电信号输出的器件或装置，它不但可以检测出某种气体的存在与否，还能检测出气体的浓度。气体浓度不同，其输出信号的大小也不同。

由于气体种类繁多，性质各异，用于气体检测的传感器也很多。按构成气敏传感器的材料可分为半导体和非半导体两大类，目前使用最多的是半导体气敏传感器。

气敏传感器最早用于有毒有害、可燃性气体的泄露检测、报警，以防止意外事故的发生，保证安全生产。目前，气敏传感器已广泛用于工业生产过程的检测与自动控制、环境监测、医疗卫生、有毒有害气体的检测，其检测对象及应用场合如表4-4所示。

表4-4　气敏传感器主要检测对象及其应用场所

分　类	检测对象气体	应 用 场 合
易燃易爆气体	液化石油气、焦炉煤气、气体炉煤气、天然气	家庭
	甲烷	煤矿
	氢气	冶金、试验室
有毒气体	一氧化碳（煤炭等不完全燃烧）	煤气灶等
	硫化氢、含硫的有机化合物	石油工业、制药厂
	卤素、卤化物和氨气等	冶炼厂、化肥厂
环境气体	氧气	地下工程、家庭
	水蒸气（调节湿度、防止结露）	电子设备、汽车和温室等
	大气污染（SO_x、NO_x、Cl_2等）	工业区
工业气体	燃烧过程气体控制，调节燃/空比	内燃机、锅炉
	一氧化碳（防止不完全燃烧）	内燃机、冶炼厂
	水蒸气（食品加工）	电子灶
其他用途	烟雾、驾驶人呼出的酒精	火灾预防、事故报警

半导体气敏器件被加热到稳定状态下，当气体接触器件表面而被吸附时，吸附分子首先在表面上自由地扩散（物理吸附），失去其运动能量，其间的一部分分子蒸发，残留分子产生热分解而固定在吸附处（化学吸附）。这时，如果器件的功函数（英文名为 work function，又称功函、逸出功，在固体物理中被定义成：把一个电子从固体内部刚刚移到此物体表面所需的最少的能量）小于吸附分子的电子亲和力，则吸附分子将从器件夺取电子而变成负离子吸附。具有负离子吸附倾向的气体有 O_2 和 NO_x，称为氧化型气体或电子接收性气体。如果器件的功函数大于吸附分子的离解能，吸附分子将向器件释放出电子，而成为正离子吸附。具有这种正离子吸附倾向的气体有 H_2、CO、碳氢化合物和酒类等，被称为还原型气体或电子供给型气体。

当氧化型气体吸附到 N 型半导体上，还原型气体吸附到 P 型半导体上时，将使载流子减少，而使电阻增大。相反，当还原型气体吸附到 N 型半导体上，氧化型气体吸附到 P 型半导体上时，将使载流子增多，而使电阻下降。

半导体气敏传感器一般由敏感元件、加热器和外壳三部分组成。

1. 半导体气敏传感器

半导体气敏传感器是利用半导体气敏元件同气体接触，使得半导体器件电参数改变，从而可以检测气体的类别、浓度和成分的。

半导体气敏传感器按照半导体与气体的相互作用是在内部还是表面,可以分为表面控制型和体相控制型两大类,如表4-5所示;按照半导体的物理性质,又可以分为电阻型和非电阻型两种,其物理特性、材料及测量气体,如表4-6所示。

表4-5 两大类型的半导体气敏传感器

类 型	特 性	常 见 材 料	主要检测的气体
表面控制型	电导率真整流特性(二极管)、阈值电压(晶体管)	SnO_2、Pd/SnO_2、ZnO、Pd/ZnO、Pd/Cds、Pd/TiO_2、$Pd/MOSFET$	可燃气、NO_2、H_2、CO、乙醇、H_2S、NH_3
体相控制型	电导率	$La1-x$、CoO_2、$\gamma-Fe_2O_3$、TiO_2、CoO、MgO、SnO_2	乙醇、可燃气、O_2

表4-6 半导体气敏传感器分类

类 型	测量类型	常 见 材 料	主要测量的气体
电阻型	表面控制型	$SnO2$、ZnO	可燃气
	体控制型	$La1-x$、CoO_2、$\gamma-Fe_2O_3$、TiO_2、CoO、MgO、SnO_2	乙醇、可燃气
非电阻型	二极管整流特性	铂-硫化镉、铂-氧化钛	H_2、CO、乙醇
	晶体管特性	铂栅、钯栅 MOSFET	H_2、H_2S
	表面电位	氧化银	

按敏感元件采用金属氧化物材料,可分为 N 型、P 型和混合型三种。N 型材料主要有 TiO_2(二氧化钛)、SnO_2(二氧化锡)、Fe_2O_3(三氧化二铁)和 ZnO(氧化锌)等;P 型材料主要有 MoO_2(二氧化钼)、NiO_2(二氧化镍)、Cu_2O(氧化亚铜)和 Cr_2O_3(氧化铬)等。常见的半导体气敏元件是 SnO_2 金属氧化物和 Fe_2O_3 金属氧化物半导体气敏元件。

半导体气敏传感器可以检测各种特定对象的气体,如各种还原性气体。所谓还原性气体就是在化学反应中能给出电子,化学价升高的气体。还原性气体多数属于可燃性气体,例如石油蒸气、酒精蒸气、甲烷、乙烷、煤气、天然气和氢气等。

2. 固体电解质式气敏传感器

具有离子导电性而无电子导电性的固体材料称为固体电解质。利用这种材料制成的传感器结构简单、工作可靠,能分析多种气体中氧气的浓度,其测量范围宽、响应时间短。

测量原理:利用固体电解质的氧离子导电特性。这种固体电解质是用氧化锆(ZrO_2)添加氧化钇(Y_2O_2)和氧化钙(CaO)等氧化物,两侧用多孔性金属(Pt)作为电极,经高温形成的萤石型立方晶系固溶体在晶体中存在氧空位。在一定温度下,由于多孔性电极存在氧空位,当致密 ZrO_2 固体两侧的氧浓度不同时,高氧浓度侧的氧就会通过氧离子导电,这样在固体电解质两侧电极上就产生了氧浓差电动势,构成氧浓淡电池。

3. 电化学式气敏传感器

电化学式气敏传感器包括恒电位电解式和珈伐尼电池式等。

（1）恒电位电解式气敏传感器

恒电位电解式气敏传感器又称控制电位电解法气敏传感器，它由工作电极、辅助电极、参比电极及聚四氟乙烯制成的透气隔离膜组成。

工作原理：在工作电极与辅助电极、参比电极间充以电解液，传感器工作电极（敏感电极）的电位由恒电位器控制，使其与参比电极电位保持恒定，待测气体分子通过透气膜到达第三电极表面时，在多孔贵金属催化作用下，发生电化学反应（氧化反应），同时辅助电极上氧气发生还原反应，这种反应产生的电流大小受扩散过程的控制，而扩散过程与待测气体浓度有关，只要测量第三电极上产生的扩散电流，就可以确定待测气体浓度。在第三电极与辅助电极之间加一定电压后，使气体发生电解，如果改变所加电压，氧化还原反应选择性地进行，就可以定量检测气体。

（2）珈伐尼电池式气敏传感器

珈伐尼电池式气敏传感器由隔离膜、铅电极（阳极）、电解液和电金电极（阴极）组成。

工作原理：将透过隔膜而扩散吸收到电解液中的被测气体进行电解，测量电解时所形成的电解电流，就可知道被测气体的浓度，由于被测气体的固有电解电位是确定的，不能任意选择，所以被测气体的种类会受到限制。

4. 接触燃烧式气敏传感器

接触燃烧式气敏传感器主要用来检测可燃性气体，检查范围从0.1%到百分之几，它是根据气体的接触燃烧热所引起的检测元件的温升和电阻变化来测量气体浓度的。制作传感器过程中，将表面涂有氧化铝等材料的铂丝线圈制成球状物进行烧结，再在外表面敷设铂（Pt）、钯（Pd）和铑（Rh）等稀有金属催化剂，将铂丝通电加热到$300 \sim 400 ℃$，如果被测气体与检测元件接触，气体就会在稀有金属催化层上燃烧，稀有金属催化层和铂丝线圈的温度就会上升，使得铂丝线圈的阻值发生变化，且被测气体浓度越高，其温升就越大，铂丝的阻值变化也越大，根据铂丝阻值的变化就可以判断被检测气体的浓度。

接触燃烧式气敏传感器主要用在可燃性气体测量及泄漏报警等装置上，其特点是精度高、线性好、寿命长、速度快，且又不受环境温度影响。

5. 集成型气敏传感器

集成是传感器发展的方向，目前集成型气敏传感器主要分两种类型：一类是把敏感部分、加热部分和控制部分集成在同一基底上，以提高器件的性能；另一类是把多个具有选择性的元件，用厚膜或薄膜的方法制在一个基底上，用微机处理和信号识别的方法对被测气体进行有选择性的测定，这样既可以对气体进行识别，又可以提高检测灵敏度。

4.4.2 SnO₂ 系列气敏器件的特性

1. 吸附性

图4-8为N型半导体吸附气体时的器件电阻值变化示意。当这种半导体气敏传感器

与气体接触时，其电阻值发生变化的时间（称响应时间）不到 1min。相应的 N 型材料有 SnO_2、ZnO、TiO_2 和 W_2O_3 等，P 型材料有 MoO_2、CrO_3 等。

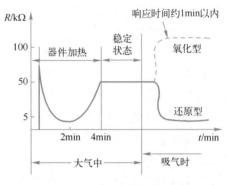

空气中的氧成分大体上是恒定的，因而氧的吸附量也是恒定的，气敏器件的阻值大致保持不变。如果被测气体流入这种气氛中，器件表面将产生吸附作用，器件的电阻值将随气体浓度而变化，从浓度与电阻值的变化关系即可得知气体的浓度。

图 4-8 N 型半导体吸附气体时的器件电阻值变化示意

2. 灵敏度特性

图 4-9 为 SnO_2 气敏器件的灵敏度特性，它表示不同气体浓度下气敏器件的电阻值。实验证明 SnO_2 中的添加物对其气敏效应有明显影响，如添加 Pt（铂）或 Pd（钯）可以提高其灵敏度和对气体的选择性。添加剂的成分和含量、器件的烧结温度和工作温度不同，都可以产生不同的气敏效应。例如在同一温度下，含 1.5%（重量）Pd 的元件，对 CO 最灵敏，而含 0.2%（重量）Pd 时，对 CH_4 最灵敏；又如同一含量 Pt 的元件，在 200℃ 以下，对 CO 最灵敏，而 400℃ 以检测甲烷最佳。

3. 温湿度特性

SnO_2 气敏器件易受环境温度和湿度的影响，其电阻-温湿度特性如图 4-10 所示。图中 RH 为相对湿度，所以在使用时，通常需要加温湿度补偿，以提高仪器的检测精度和可靠性。

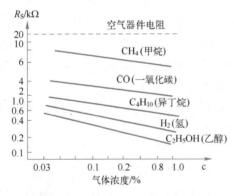

图 4-9 SnO_2 气敏器件的灵敏度特性

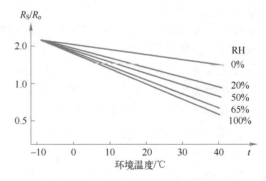

图 4-10   气敏电阻的温湿度特性

4. 初期恢复特性

除上述特性外，SnO_2 气敏器件在不通电状态下存放一段时间后，再使用之前必须经过一段电老化时间，因在这段时间内，器件电阻值会发生突然变化而后才趋于稳定。经过长时间存放的器件，在标定之前，一般需要 1~2 周的老化时间。

4.5　电压比较电路设计与测试

电压比较器简称比较器，用于比较两个模拟输入电压的大小，实现波形变换，常用于报警器电路、自动控制电路、U/f 变换电路、A/D 转换器电路、电源电压监测电路、振荡器及压控振荡器电路和过零检测电路等电路中。

4.5.1　电压比较器的基本特性

在现代测控系统中，通常采用集成的电压比较器，其特点是响应速度快、精度高和输出为逻辑电平等。集成运算放大器也可以实现电压比较，是简单的电压比较器，所以电压比较器的符号也采用运算放大器的符号，图 4-11a 是比较器符号，图 4-11b 为比较器的传输特性。

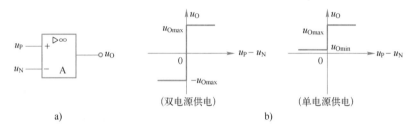

图 4-11　电压比较器
a) 电压比较器符号　b) 电压比较器传输特性

由图 4-11 可知，电路输出与两输入电压的关系为

$$u_O = \begin{cases} +U_{Omax} & (u_P > u_N) \\ -U_{Omax} & (u_P < u_N) \end{cases} \quad (双电源供电)$$

或

$$u_O = \begin{cases} U_{Omax} & (u_P > u_N) \\ U_{Omin} & (u_P < u_N) \end{cases} \quad (单电源供电)$$

根据输出电压的值，便可知道哪一个电压高。

4.5.2　电压比较器的电路设计与测试

1. 基本电压比较器

如图 4-12a 为电压比较器的基本接口电路，通过电阻分压（或外部输入）得到检测的门限电压 u_R（也称阈值电压或基准电压），将 u_R 接到比较器的一个输入端（如反相输入端），用来与输入电压进行比较，当输入电压 $u_i > u_R$ 时，输出 u_O 为高电平；当输入电压 $u_i < u_R$ 时，输出 u_O 为低电平。改变 R_1、R_2 的阻值，可以改变 u_R，可以灵活地改变门限电压 u_R。由于电压比较器的输出一般为开漏（或集电极开路）输出，要接上拉电阻 R_3 才能得到正确的输出电压，R_3 的取值一般为 $1 \sim 10\,\text{k}\Omega$。如果采用普通集成运算放大器作为比较器，则不需要接上拉电阻。图 4-12b 为 $u_R = 0$ 的电路，也称为过零比较器。

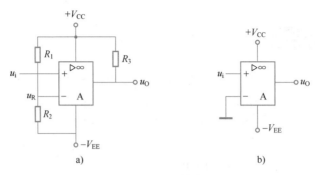

图4-12 电压比较器电路

a) 电压比较器基本电路 b) 过零比较器

若输入电压的参数为：$u_{pk} = 3\,V$、$f = 1\,kHz$，电阻 $R_1 = 10\,k\Omega$ 和 $R_2 = 5.1\,k\Omega$，$U_R = \dfrac{5.1}{10+5.1} \times 6\,V = 2.03\,V$，电路的 Proteus 仿真结果如图4-13a 所示。图4-13b 为不接上拉电阻的仿真结果。

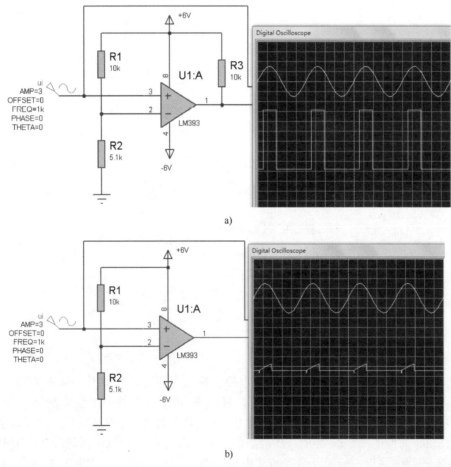

图4-13 电压比较器仿真结果图

a) 接上拉电阻 b) 不接上拉电阻

　　在实际应用中，有时电压比较器电源电压太高（如±12 V），而希望输出电压不超过一定的电压值（如 3 V），可以采用图 4-14 的连接方式，采用稳压双向稳压二极管进行限幅，若双稳压二极管的稳压值为 3 V，则输出电压的值为+3 V 和-3 V。图 4-14 中 R_4 为限流电阻。

　　利用电压比较器可以实现电压比较，也可以实现波形变换，如将正弦波变换成矩形波或方波，也可以实现电平转换。如图 4-15 所示，则可将输出电压的高电平提升到近 15 V。改变上拉电阻上方接的电源电压，可以实现任意电平转换，以适应不同电路的要求。

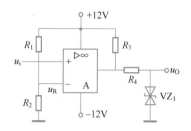
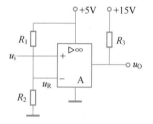

图 4-14　输出限幅的比较器电路　　　　图 4-15　电平转换电路

2. 迟滞电压比较器设计

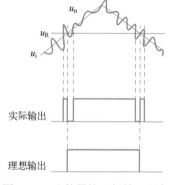

　　对于变化缓慢的输入信号，当其接近于门限电平时，如果混入干扰信号，则会使比较器产生误翻转，即所谓"振铃"现象，如图 4-16 所示。为克服比较器的"振铃"现象，可采用迟滞比较器（也称为滞回比较器）。

　　迟滞比较器的电路如图 4-17a 所示，从电路的输出端到运算放大器同相输入端之间引入一个正反馈，就构成迟滞比较器，其电路传输特性如图 4-17b。

　　从传输特性曲线可以看出，传输特性具有迟滞回线形状，电路由此而得名。如果设计比较器输出高、低电平电压分别为 u_{OH} 和 u_{OL}，这个电路产生的两个门限电压 u_1 和 u_2 分别为

图 4-16　比较器的"振铃"现象

$$u_1 = u_R \frac{R_5}{R_4 + R_5} + u_{OL} \frac{R_4}{R_4 + R_5}$$

$$u_2 = u_R \frac{R_5}{R_4 + R_5} + u_{OH} \frac{R_4}{R_4 + R_5}$$

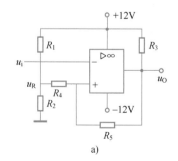
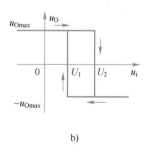

a)　　　　　　　　　　　　　　b)

图 4-17　电压比较器的原理图和电压传输特性

a）迟滞比较器电路原理图　b）迟滞比较器传输特性

u_1 和 u_2 的差值 Δu 称滞后电压,其值为

$$\Delta u = u_2 - u_1 = \frac{R_4}{R_4 + R_5}(u_{OH} - u_{OL})$$

可见,滞后电压可以通过改变 R_4、R_5 电阻值来调节,合理选择其大小,使之稍大于预计的干扰信号,就可以消除上述"振铃"现象,从而大大提高抗干扰能力。一般 Δu 的值不宜取得过大。

迟滞比较器一般用于整形电路,并具有抗干扰的特点。

3. 迟滞电压比较器设计

【例 4-1】 采用反相输入迟滞比较器,要求 $u_{OH} = 3.3\,V$、$u_{OL} = -3.3\,V$、$u_R = 1\,V$,输入干扰电压的幅度为 $0.9 \sim 1.1\,V$,请设计迟滞电压比较器。

解: 设计电路如图 4-18 所示。由于输入干扰的幅度为 $0.9 \sim 1.1\,V$,则取 $u_1 = 0.8\,V$、$u_2 = 1.2\,V$,大于干扰电压范围,则

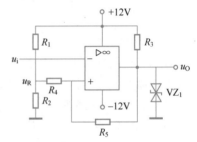

$$\Delta u = u_2 - u_1 = 0.4\,V = \frac{R_4}{R_4 + R_5}(u_{OH} - u_{OL})$$

$$= \frac{R_4}{R_4 + R_5}[3.3 - (-3.3)]$$

$$= 6.6\frac{R_4}{R_4 + R_5}$$

可得 $R_5 = 15.4R_4$,R_4 取 $10\,k\Omega$,则 R_5 的值为 $154\,k\Omega$。

同样可求得 $R_1 = 11R_2$,则 R_2 取 $10\,k\Omega$,则 R_1 的值为 $110\,k\Omega$。

图 4-18 设计实例电路图

习题 4

1. 当被测气体浓度变大时,以 SnO_2 为主要材料的气敏传感器的电阻值如何变化?
2. 请画出气敏传感器的检测电路。
3. 由图 4-1 可知,一般气敏传感器在接通电源时有预热过程,在电路上应如何处理?
4. 迟滞比较器与基本比较器相比具有什么优点?
5. 在使用专用电压比较器芯片时,输出端为什么要接上拉电阻?
6. 图 4-6 中,若驱动发光二极管的晶体管改成 NPN 型晶体管,如何修改电路?
7. 图 4-6 中 U_{3A}、U_{3B} 工作于线性状态还是非线性状态?
8. 写出图 4-6 中线性检测部分 U_{2B} 及外围电路的调试过程。

项目 5　光控调光台灯电路设计与制作

【项目要求】

- 测量范围：0～1000 lx（勒克斯）。
- 能根据室内光照强度控制 LED 台灯的亮度。

【知识点】

- 光敏传感器的基本特性。
- 频率/电压转换方法。

【技能点】

- 会选用光敏传感器。
- 会设计光敏传感器接口电路。
- 会制作光控调光台灯电路。

【项目学习内容】

- 光敏传感器 GM5528 的特性及接口电路设计与测试（或仿真测试）。
- 集成运放构成的基本放大电路设计与测试。
- 会设计总体电路。
- 会调试检测电路。

项 目 分 析

【任务目标】

- 掌握项目组成框图。
- 理解系统各部分的作用。

项目 5　项目分析

【任务学习】

1. 项目分析

根据我国家庭照度相关标准，为了人们的健康，室内不同功能区域光照强度应达到一定要求，如表 5-1 所示。例如一般课桌上书写光照强度约为 200 lx，而精细作业区的光照强度则为 300 lx。本项目就是通过光敏传感器检测亮度，当光照强度达不到要求时，调亮 LED 灯光亮度；光线高于光照强度要求时，则调低灯光亮度，以满足光照要求。

表 5-1　家庭住宅建筑照明的光照强度标准值

类　　别		参考平面及其高度	光照强度标准值/lx		
			低	中	高
起居室、卧室	一般活动区	0.75 m 水平面	20	30	50
	书写、阅读	0.75 m 水平面	150	200	300
起居室、卧室	床头阅读	0.75 m 水平面	75	100	150
	精细作业	0.75 m 水平面	200	300	500
餐厅或饭厅、厨房		0.25 m 水平面	20	30	50
卫生间		0.75 m 水平面	10	15	20
楼梯间		地　面	5	10	15

2. 电路框图

根据项目分析，通过查阅相关资料，光控 LED 调光台灯的电路组成框图如图 5-1 所示。

图 5-1　光控 LED 调光台灯电路组成框图

传感器及信号产生电路实现将光照度变换成与之呈正比关系的频率信号，即光照弱输出信号频率低；频率/电压转换电路将前级电路输出的矩形波信号变换成直流电压信号；放大电路将频率/电压转换电路输出的直流电压处理成与光照呈反比关系的 0~5 V 直流电压，再通过 U/I 转换及驱动电路变换成与光照成反比关系的电流信号驱动 LED 发光。使得 LED 灯在光照弱时，发光强度大，提供符合要求的照明。

【巩固与训练】

查阅资料，讨论生活中见过的利用光来控制电器工作的实例有哪些。

任 务 实 施

任务 5.1　光敏传感器的选用及接口电路设计

【任务目标】

- 会根据项目要求选用光照度传感器。
- 掌握光敏传感器 GM5528 的光敏特性。
- 会设计与测试光敏传感器 GM5528 接口电路。

【任务学习】

5.1.1　光敏传感器 GM5528 特性

检测光强度的传感器称为光敏传感器（或光电传感器），目前光敏传感器种类很多，常用的光敏传感器有光电池、光敏电阻、光电二极管和光电晶体管等，光敏电阻因价廉物美而得到广泛使用，其直径从 3 mm 到 20 mm 多种可选，本项目选用通用的直径为 5 mm 的光敏电阻 GM5528 来实现。

GM5528 是用于检测可见光的光敏传感器，适用于民用电子产品，其实物图、外形尺寸如图 5-2 所示，其参数如表 5-2 所示。

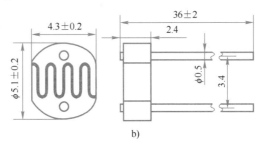

图 5-2　光敏电阻 GL5528 特性

a）GL5528 实物图　b）GL5528 外形尺寸

表 5-2　GM5528 参数

名　称	参　数	名　称		参　数
最大电压/(DC/V)	100	亮电阻/(10 lx/kΩ)		10~20
最大功耗/mW	50	暗电阻/MΩ		1
环境温度/℃	−30~70	响应时间/ms	上升	20
光谱峰值/nm	540		下降	30

5.1.2　光敏传感器 GM5528 接口电路设计

光敏电阻是将光照变化转换成电阻变化，再通过电阻分压可以将电阻变化转换成电压变化，从而实现光照检测的电阻型传感器。本项目通过另一种方式实现光照度检测，即把光敏电阻作为振荡器振荡电阻，从而将光照变化转换成频率变化输出，其电路如图 5-3 所示。

根据光照要求，设定当光照强度达到 300 lx 时，关闭 LED 灯（灯不亮）；而光照强度小于 300 lx 时，灯光逐渐变亮；室内光线最弱时，LED 灯亮度最大。

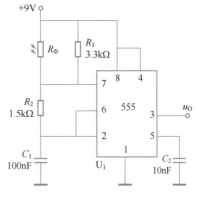

图 5-3　光敏传感器接口电路图

光敏电阻的电阻值随着光照强度而变化，其暗电阻（无光时的电阻值）约为 1 MΩ，在光照强度为 300 lx 时其暗阻值约为 1 kΩ，其阻值变化很大，且是非线性的。若把光敏电阻作为 555 多谐振荡器的充电电阻，则当光照强度改变时，电路的输出频率也发生改变。

该电路高电平时间为

$$T_H = \ln2(R1//R_\Phi + R_2)C_2$$

低电平时间为

$$T_L = \ln2 R_2 C_2$$

则输出信号的频率为

$$f = \frac{1}{\ln2(R_1//R_\Phi + 2R_2)C_1}$$

光敏电阻的线性特性非常差，为了改善其线性特性，在光敏电阻两端并联一个固定电阻 R_1（3.3 kΩ），这样，无光时并联后的电阻约为 3.3 kΩ，而光照强度为 300 lx 时的并联电阻值为 3.3 kΩ//1 kΩ≈0.77 kΩ，该电路的输出信号频率如下：

光照强度为 300 lx 时，$f≈3.79$ kHz；无光时，$f≈2.27$ kHz；即通过该电路，输出一个与光照强度成正比的频率信号。

【巩固与训练】

5.1.3 光敏传感器 GM5528 接口电路测试

电路设计完成后，通过仿真软件 Proteus 验证其性能是否达到设计要求。

1. Proteus 电路设计

从 Proteus 元件库取出相关元器件，主要元器件有：
- 电阻为 RES。
- 无极性电容为 CAP。
- NE555 为 555。
- 光敏电阻为 LDR。

绘制电路图，光敏传感器接口电路仿真电路图如图 5-4 所示。

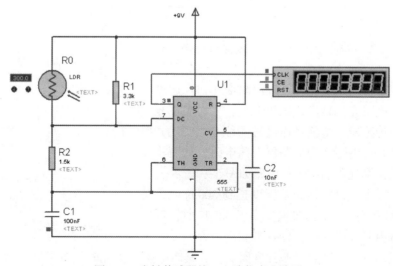

图 5-4　光敏传感器接口电路仿真电路图

2. 电路仿真测试

单击"运行"按钮，调节光敏传感的光照强度为 0~300 lx，测量振荡电路的输出信号频率范围，判断是否与设计结果一致。

结果：

最低频率为＿＿＿＿＿＿＿＿＿＿＿＿；最高频率为＿＿＿＿＿＿＿＿＿＿＿＿＿。

注意：测量频率时，计数/定时器要调到频率模式，点运行按钮后要等一段时间才会出现测量结果。

当光照强度为 0~300 lx 时，测量输出信号频率，记入表 5-3 中，并绘制频率-光照强度特性曲线，分析电路的线性度，并查阅资料，提出改进的措施。

表 5-3　不同光强度时的输出频率

光照强度/lx	0	20	40	60	80	100	120	140
输出频率/kHz								
光照强度/lx	160	180	200	220	240	260	280	300
输出频率/kHz								

绘制频率-光照强度特性曲线：

【应用与拓展】

从表 5-3 和特性曲线来看，频率/光照强度之间是线性关系吗？如果不是，如何进行处理？

任务 5.2　频率/电压转换电路设计与测试

【任务目标】

- 了解频率/电压转换原理。
- 掌握集成频率/电压转换芯片 LM331 的应用电路设计与测试。
- 会调试与测试 LM331 应用电路。

【任务学习】

5.2.1 频率/电压转换电路设计

根据系统框图，光敏传感器及接口电路已经将光 0～300 lx 的光信号转换成 2.27～3.79 kHz 的频率信号，接下来要将该频率信号变换成与之成正比的电压信号，发言人 供后续电路处理。频率/电压转换电路的要求如下：

输入信号为 2.27～3.79 kHz；输出信号为 2.27～3.79 V。

f-U 转换器的工作原理主要包括电平鉴别器、单稳态触发器和低通滤波器三部分，可以采用分立元件和通用集成电路实现，也可采用专用集成电路来实现。为了减少系统复杂程度，使读者学会专用集成电路的使用方法，本项目选用专用集成频率/电压转换芯片 LM311 实现。

图 5-5 所示为 LM331 作为频率/电压转换器的典型应用电路，输入信号（要求输入为矩形波）u_1 经微分电路 R_1、C_1 后得到尖脉冲从 6 脚接入 LM331，从 1 脚输出直流电压 U_0 的幅度与输入信号 u_1 的频率的关系为

$$U_0 = \frac{2.09 R_L R_t C_t f_i}{R_S + \mathrm{RP}_1}$$

其中 RP_1 用于调节输出电压与输入信号频率之间的比例关系。若 RP_1 使 RP_1 与 R_S 的和为 14.2 kΩ，则输出直流电压 U_0 与输入信号 u_1 的关系为 1 V/kHz。

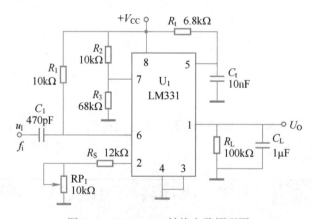

图 5-5 LM331 f/U 转换电路原理图

5.2.2 电路仿真与测试

电路完成后，接下来通过仿真软件 Proteus 验证其性能是否达到设计要求。

1. Proteus 电路设计

从 Proteus 元器件库取出相关元器件，主要元器件有：

- 电阻为 RES。
- 可调电阻为 POT-HG。
- 无极性电容为 CAP。
- 频率/电压转换芯片为 LM331。

绘制仿真电路，如图 5-6 所示。

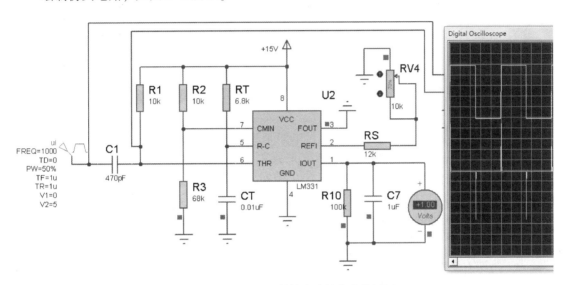

图 5-6　LM331 f/U 转换电路的仿真效果图

2. 电路仿真调试与测试

设置输入信号 u_1：矩形波

模拟信号类型：脉冲

频率（f）：1000 Hz

单击"运行"按钮，调节 RP_1，使输出电压为 1 V（右下角电压表显示值），即达到 1 V/kHz，如图 5-6 所示。

当输入频率为 2.27 kHz 和 3.79 kHz 时，测量输出电压。

结果：

最低频率时为 _____；最高频率时为 _____。

【应用与拓展】

1. LM311 进行频率电压转换时，要求输入信号为方波，如果是正弦波能转换吗？请进行实验验证。

2. LM311 也可以实现电压/频率转换，请设计电路，并进行仿真测试。

任务5.3　　光控调光台灯电路设计与测试

【任务目标】

- 会根据要求设计信号调理与控制电路。
- 掌握总体电路原理。
- 会调试与测试光控调光台灯总体电路。

【任务学习】

5.3.1　光控调光台灯
电路设计与分析

5.3.1　光控调光台灯电路设计与分析

由系统框图可知，光敏传感器及接口电路根据光照强度不同输出不同频率的脉冲信号，经过频率/电压转换电路后，输出与光照强度成正比的直流电压，即光照强度为 $0 \sim 300\,\text{lx}$，输出直流电压为 $2.27 \sim 3.79\,\text{V}$，为了使控制电路有更宽的控制范围，要通过电路将该电压变成 $5 \sim 0\,\text{V}$，即无光时灯要全亮度最高，光照强度为 $300\,\text{lx}$ 时灯灭，再通过 U/I 转换电路控制 LED 灯发光。

1. 信号处理与放大电路

为了驱动 U/I 电路，使光线强时输出电流小，光线弱时输出电流大，则要对 f/U 电路输出信号进行处理。设计要求：

- 光照强度为 $300\,\text{lx}$ 时，输出电压为 $0\,\text{V}$。
- 无光照时，输出电压为 $5\,\text{V}$

根据前述内容可知，光照强度为 $300\,\text{lx}$ 时，f/U 输出电压为 $3.79\,\text{V}$，而无光时 f/U 输出电压为 $2.27\,\text{V}$，选用差动放大器来进行处理，如图 5-7 所示。

调节 RP_2 使 $V_B = 3.79\,\text{V}$，由任务 5.2 可知，光照强度为 $300\,\text{lx}$ 时 $V_A = 3.79\,\text{V}$，则 A、B 两点电位相等，此时差动放大器输出电压 u_{o3} 为 $0\,\text{V}$。无光照时，$V_A = 2.27\,\text{V}$，此时 $U_{AB} = 3.79 - 2.29 = 1.5\,\text{V}$，若要输出 $5\,\text{V}$ 电压，则电路的放大倍数为 $A_u = \dfrac{5\,\text{V}}{1.5\,\text{V}} \approx 3.33$，差动放大电路为其变形电路，其放大倍数表达式为

$$A_u = \frac{R_{12}}{R_{10}} \times \frac{\text{RP}_3}{\text{RP}_{3_{2-3}}}$$

选 R_{10}、R_{12} 均为 $10\,\text{k}\Omega$，则 $R_{11} = R_{13} = 10\,\text{k}\Omega$，$\text{RP}_3$ 选 $10\,\text{k}\Omega$，通过调节 RP_3 来调节放大倍数。

2. LED 驱动电路设计

通过前面电路处理，在光照强度为 $300\,\text{lx}$ 时输出电压为 $0\,\text{V}$；无光照时输出电压为 $5\,\text{V}$。通过该电压去控制流过 LED 的电流，从而实现对台灯亮度的控制，本级电路选用 U/I 转换电路，即恒流控制电路。

由表 5-1 可知，桌面书写亮度为 $200 \sim 300 \, \mathrm{lx}$，而普通 LED 灯的照度约为 $80 \, \mathrm{lx/W}$，所以本项目选用四个 $1 \, \mathrm{W}$ 的白光 LED 作为照明灯具。由手册可知，$1 \, \mathrm{W}$ 白光 LED 的导通电流约为 $350 \, \mathrm{mA}$，导通电压约为 $3 \sim 3.3 \, \mathrm{V}$，电路的工作电源为 $9 \, \mathrm{V}$，将四个 LED 并联，如图 5-7 所示，则总电流约为 $1400 \, \mathrm{mA}$，由此可得限流电阻 R_{15} 的电阻值为

$$R_{15} = \frac{5 \, \mathrm{V}}{1400 \, \mathrm{mA}} = 3.57 \, \Omega$$

选 $3.6 \, \Omega$ 或 $3.9 \, \Omega$ 的功率 $10 \, \mathrm{W}$ 的电阻。选择能提供 $1400 \, \mathrm{mA}$ 电流并略留余量的低频晶体管，如 BD237 等。

到此，完成了光控调光台灯的全部电路，如图 5-7 所示，图中集成运放 U_3、U_4 和 U_5 可以选用 LM324 或 LM358 通用集成运算放大器。

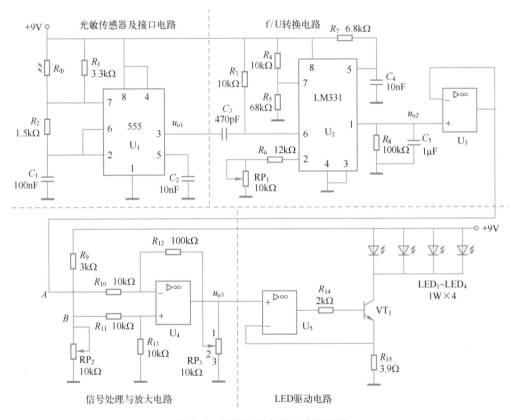

图 5-7 光控调光台灯电路原理图

 ### 5.3.2 光控调光台灯电路仿真与测试

5.3.2 光控调光台灯
电路仿真与测试

电路设计完成后，通过软件仿真验证其性能是否达到设计要求，电路仿真利用 Proteus 软件实现。

1. Proteus 电路设计

从 Proteus 元件库取出相关元器件，主要元器件有：

- 电阻为 RES。
- 普通电容为 CAP。
- NE555 为 555。
- 光敏电阻为 LDR。
- 频率/电压转换芯片为 LM331。
- 集成运放为 LM358。
- 发光二极管为 LED-YELLOW（黄）。

绘制电路图，仿真电路图如图 5-8 所示。

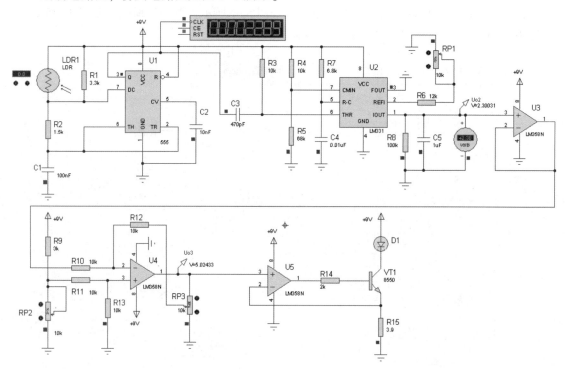

图 5-8 光控调光台灯仿真电路图

2. 电路仿真测试

（1）电路调试

在前两个任务的仿真调试的基础上，本次任务只要调试放大电路的零点和放大倍数即可。调试步骤如下。

1）将光敏电阻光照强度调到 300 lx，调节 RP$_2$，使 $u_{o3}=0$ V。由于采用单电源供电，所以调 RP$_2$ 时，只要 u_{o3} 刚到 0 V 时即可，不要多调。

2）将光敏电阻光照强度调到 0 lx，调节 RP$_3$，使 $u_{o3}=5$ V。

上述两步需反复调试 2~3 次方可。

（2）电路测试

将光敏电阻光照强度调到 300 lx，此时灯应该灭；将光照强度减小，观察灯亮的情况，是不是逐渐变亮，如果是，则与设计功能一致，如果不是，找出原因。

注意：在调节过程中，电路功能实现有延迟，须等一段时间才能实现。

任务 5.4 ┃ 光控调光台灯电路制作与调试

【任务学习】

- 掌握电路制作、调试、参数测量方法。
- 会制作、调试和测量电路参数。
- 会正确使用仪器、仪表。
- 会调试整体电路。
- 注意工作现场的 6S 管理要求。

5.4.1　电路板设计与制作

根据现代电子产品的设计流程，硬件电路设计完成后，可以利用电路仿真软件进行电路仿真（任务 5.3 已完成），以判断电路功能是否满足设计要求。当然，也可以利用实物直接进行电路制作。

1. 电路板设计

硬件电路制作可以在万能板上进行排版、布线并直接焊接，也可以通过印制电路板设计软件（如 Protel、Altium Designer 等）设计印制电路板，在实验室条件下可以通过转印、激光或雕刻的方法制作电路板，具体方法请参阅其他资料。

2. 列元器件清单

根据电压原理图，列出元器件清单，如表 5-4 所示，以便进行元器件准备与查验。

表 5-4　元器件清单

序号	元器件名称	元器件标号	元器件型号或参数	数量
1	电阻	R_1	$3.3\,\text{k}\Omega$	1
2		R_2	$1.5\,\text{k}\Omega$	1
3		R_3、R_4、R_6、R_{10}、R_{11}、R_{13}	$10\,\text{k}\Omega$	6
4		R_5	$68\,\text{k}\Omega$	1
5		R_7	$6.8\,\text{k}\Omega$	1
6		R_8、R_{12}	$100\,\text{k}\Omega$	2
7		R_9	$3\,\text{k}\Omega$	1
8		R_{14}	$2\,\text{k}\Omega$	1
9		R_{15}	$3.9\,\Omega$	1
10	电位器（3296）	RP_1、RP_2、RP_3	$10\,\text{k}\Omega$	3
11	电容	C_1、C_4	$100\,\text{nF}$	2
12		C_2	$10\,\text{nF}$	1
13		C_3	$470\,\text{pF}$	1
14		C_5	$1\,\mu\text{F}$	1

（续）

序号	元器件名称	元器件标号	元器件型号或参数	数量
15	发光二极管	$LED_1 \sim LED_4$	1 W/白光	4
16	晶体管	VT_1	BD237	1
17		U_1	NE555	1
18	集成电路	U_2	LM331	1
19		U_3、U_4、U_5	LM358	2
20	8 脚 DIP 底座	$U_1 \sim U_5$	8 脚底座	4
21	单排针		2. 54 mm	10

3. 电路装配

（1）仪器工具准备

● 焊接工具一套。

● 数字万用表一块。

（2）电路装配工艺

1）清点元器件。

根据表 5-4 清点元器件数量，检测电阻参数、电解电容和瓷片电容等元器件参数是否正确。

2）焊接工艺。

要求焊点光滑，无漏焊、虚焊等；电阻、集成块底座、电位器、电解电容紧贴电路板，瓷片电容、晶体管引脚到电路板留 3~5 mm。

3）焊接顺序。

由低到高。本项目分别是电阻→集成块底座→排针→瓷片电容→晶体管→电位器等。

在电路制作的过程中，注意遵守职场的 6S 管理要求。

5.4.2　电路调试

1. 调试工具

● 光强度仪。

● 双路直流稳压电源。

● 万用表。

● 一字螺钉旋具。

2. 通电前检查

电路制作完成后，需要进行电路调试，以实现相应性能指标。在通电前，要检查电路是否存在虚焊、桥接等现象，更重要的是要通过万用表检查电源线与地之间是否存在短路现象。

3. 电路调试

（1）频率/电压转换电路调试

调试要求：使电路输出频率与输入电压的关系为 1 V/kHz。

调试方法：断开 u_{o1} 与 C_3 之间的连线，输入 1 kHz、幅度 8 V 左右的脉冲信号，调节

RP$_1$，使 $u_{o2} = 1\,V$。

调试技巧：可在不接光敏电阻的情况下（此时 u_{o1} 的频率约为 2.27 kHz），调节 RP$_1$，使 $u_{o2} = 2.27\,V$。

（2）放大电路调试

调试要求：

光照强度为 300 lx 时，输出电压为 0 V；无光照时，输出电压为 5 V。

步骤如下。

1）将光敏电阻放置于 300 lx 光照强度下（可用 1 kΩ 电阻代替光敏电阻），调节 RP$_2$，使 $u_{o3} = 0\,V$。

2）在无光时（用 1 MΩ 电阻代替光敏电阻或不接光敏电阻），调节 RP$_3$，使 $u_{o3} = 5\,V$。

上述两步需反复调节 2~3 次方可。

调试技巧：在调节步骤 1）时，可将 RP$_3$ 可调端调到最上端。

调试完成后，可以使光敏传感器位于 300~0 lx 光照下，观察 LED 灯光变化情况，以判断电路工作是否正常。

5.4.3　光控调光台灯电路性能测试

电路调试完成后，如果条件允许，可以测量在不同光照下，输出电压的大小，以判断其性能是否达到设计要求。

相 关 知 识

5.5　光敏传感器特性

光敏传感器是将光信号转换为电信号的传感器，也称为光电式传感器，它可用于检测直接引起光照强度变化的非电量，如光照度、辐射测温和气体成分分析等；也可用来检测能转换成光量变化的其他非电量，如零件直径、表面粗糙度、位移、速度、加速度及物体形状和工作状态识别等。光敏传感器具有非接触、响应快和性能可靠等特点，因而在工业自动控制及智能机器人中得到广泛应用。

5.5.1　光电效应及其分类

1. 光电效应

光可以认为是由一定能量的粒子（光子）所形成的。光的频率越高，其中的光子能量越大。用光照射某一物体，可以看成是该物体受到一连串有能量的光子的轰击，组成该物体的材料吸收光子的能量而发生相应的电效应的物理现象成为光电效应。

2. 光电效应的分类

光电效应一般可以分为三类：外光电效应、内光电效应和光生伏特效应。

（1）外光电效应

光照射于某一物体上，使电子从这些物体的表面逸出的现象成为外光电效应，也称为光电发射，基于这种效应的光电器件有光电管、光电倍增管等。

根据理论来说，一个光子的能量只能给一个电子，可以使该电子的能量增加。这些能量一部分用来克服电子的逸出功，另一部分作为电子逸出时的初动能。

由于逸出功与材料的性质有关，对于某一材料来说，要使其表面有电子逸出，入射光的频率有一个最低的限度。这个最低的频率称为红限频率，相应的波长称为红限波长。

（2）内光电效应

光照射于某一物体上，使其的导电能力发生变化，这种现象称为内光电效应，也称光电导效应。利用上述现象可以制成光敏电阻、光电二极管、光电晶体管和光敏晶闸管等光电转换器件。

（3）光生伏特效应

在无光照时，半导体 PN 结内部自建电场。当光照射在 PN 结及其附近时，在能量足够大的光子作用下，在结区及其附近就产生少数载流子（电子、空穴对）。载流子在结区外时，靠扩散进入结区；在结区中时，则因电场 E 的作用，电子漂移到 N 区，空穴漂移到 P 区。结果使 N 区带负电荷，P 区带正电荷，产生附加电动势，此电动势称为光生电动势，此现象称为光生伏特效应。利用该效应可以制成各种光电池。

5.5.2 常见光敏传感器及其测量电路

利用三种光电效应可以制成各种光电转换元件，即光电式传感器。

1. 光电管

光电管属于利用外光电效应制成的光电转换元件。光电管一般由封装在玻璃管内的金属阴极和阳极组成，当光照射在阴极上时，光子的能量传递给阴极表面的电子。当光子的频率高于阴极材料的红限频率时，阴极上就有电子逸出。而且光通量越大，逸出的电子越多。再在阴极和阳极之间加正向的电压，就能够在光电管中形成电流，称为光电流。电流的大小仅仅取决于光通量。其外形图及测量电路如图 5-9 所示。

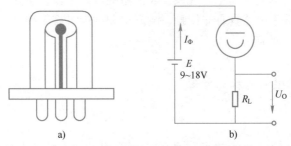

图 5-9 光电管外形图及其测量电路

a）外形图 b）测量电路

2. 光敏电阻

光敏电阻是基于内光电效应的传感器，一般是将半导体材料粉末烧结在陶瓷衬底上，形成一层膜，用两根引线引出，也可用防潮材料或玻璃外壳将其密封，以防止其受潮。

因其制造简单、价格便宜而得到广泛应用。图 5-10 为一种常见的光敏电阻的外形及其电路符号。

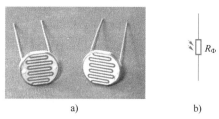

图 5-10　光敏电阻及其电路符号

a) 外形图　b) 电路符号

按制造材料可分为本征型光敏电阻、掺杂型光敏电阻。

按光敏电阻的光谱特性可分为：

1）紫外光敏电阻器。对紫外线较灵敏，包括硫化镉、硒化镉光敏电阻器等，用于探测紫外线。

2）红外光敏电阻器。主要有硫化铅、碲化铅、硒化铅和锑化铟等光敏电阻器，广泛用于导弹制导、天文探测、非接触测量、人体病变探测、红外光谱和红外通信等国防、科学研究和工农业生产中。

3）可见光光敏电阻器。包括硒、硫化镉、硒化镉、碲化镉、砷化镓、硅、锗、硫化锌光敏电阻器等。主要用于各种光电控制系统，如光电自动开关门，航标灯、路灯和其他照明系统的自动亮灭，自动给水和自动停水装置，机械上的自动保护装置和"位置检测器"，极薄零件的厚度检测器，照相机自动曝光装置，光电计数器，烟雾报警器，光电跟踪系统等方面。

当光照射时，其电阻值降低；光照越强，阻值越小。光敏电阻的主要参数为暗电阻（一般为 MΩ 级）、亮电阻（当光照强度为 10 lx 时，一般为几千欧到几百千欧）和工作电压等，表 5-5 为光敏电阻主要的技术参数，供设计电路时参考。

表 5-5　光敏电阻主要技术参数

规格	型　号	最大电压 /V(DC)	最大功耗 /mW	环境温度 /℃	光谱峰值 /nm	亮电阻 10 Lx/kΩ	暗电阻 /MΩ	响应时间/ms	
								上升	下降
Φ3 系列	GL3516	100	50	−30~70	540	5~10	0.6	30	30
	GL3526	100	50	−30~70	540	10~20	1	30	30
	GL3537−1	100	50	−30~70	540	20~30	2	30	30
	GL3537−2	100	50	−30~70	540	30~50	3	30	30
	GL3547−1	100	50	−30~70	540	50~100	5	30	30
	GL3547−2	100	50	−30~70	540	100~200	10	30	30
Φ4 系列	GL4516	150	50	−30~70	540	5~10	0.6	30	30
	GL4526	150	50	−30~70	540	10~20	1	30	30
	GL4537−1	150	50	−30~70	540	20~30	2	30	30
	GL4527−2	150	50	−30~70	540	30~50	3	30	30
	GL4548−1	150	50	−30~70	540	50~100	5	30	30
	GL4548−2	150	50	−30~70	540	100~200	10	30	30

（续）

规格	型号	最大电压/V(DC)	最大功耗/mW	环境温度/℃	光谱峰值/nm	亮电阻 10 Lx/kΩ	暗电阻/MΩ	响应时间/ms 上升	响应时间/ms 下降
Φ5 系列	GL5516	150	90	−30～70	540	5～10	0.5	30	30
	GL5528	150	100	−30～70	540	10～20	1	20	30
	GL5537-1	150	100	−30～70	540	20～30	2	20	30
	GL5537-2	150	100	−30～70	540	30～50	3	20	30
	GL5539	150	100	−30～70	540	50～100	5	20	30
	GL5549	150	100	−30～70	540	100～200	10	20	30
	GL5606	150	100	−30～70	560	4～7	0.5	30	30
	GL5616	150	100	−30～70	560	5～10	0.8	30	30
	GL5626	150	100	−30～70	560	10～20	2	20	30
	GL5637-1	150	100	−30～70	560	20～30	3	20	30
	GL5637-2	150	100	−30～70	560	30～50	4	20	30
	GL5639	150	100	−30～70	560	50～100	8	20	30
	GL5649	150	100	−30～70	560	100～200	15	20	30
Φ7 系列	GL7516	150	100	−30～70	540	5～10	0.5	30	30
	GL7528	150	100	−30～70	540	10～20	1	30	30
	GL7537-1	150	150	−30～70	560	20～30	2	30	30
	GL7537-2	150	150	−30～70	560	30～50	4	30	30
	GL7539	150	150	−30～70	560	50～100	8	30	30
Φ10 系列	GL10516	200	150	−30～70	560	5～10	1	30	30
	GL10528	200	150	−30～70	560	10～20	2	30	30
	GL10537-1	200	150	−30～70	560	20～30	3	30	30
	GL10537-2	200	150	−30～70	560	30～50	5	30	30
	GL10539	250	200	−30～70	560	50～100	8	30	30
Φ12 系列	GL12516	250	200	−30～70	560	5～10	1	30	30
	GL12528	250	200	−30～70	560	10～20	2	30	30
	GL12537-1	250	200	−30～70	560	20～30	3	30	30
	GL12537-2	250	200	−30～70	560	30～50	5	30	30
	GL12539	250	200	−30～70	560	50～100	8	30	30
Φ20 系列	GL20516	500	500	−30～70	560	5～10	1	30	30
	GL20528	500	500	−30～70	560	10～20	2	30	30
	GL20537-1	500	500	−30～70	560	20～30	3	30	30
	GL20537-2	500	500	−30～70	560	30～50	5	30	30
	GL20539	500	500	−30～70	560	50～100	8	30	30

注：1）亮电阻为有光照时的电阻值，表中数据为光照为 10 Lx 时的电阻值。

2）暗电阻为无光照时的电阻值。

3）勒克司为照度单位，也称米烛光，符号为 lux 或 lx，指 1 流明（lm）的光通量均匀分布在 1 平方米面积上的照度。

　　光敏电阻具有很高的灵敏度，很好的光谱特性，光谱响应可从紫外区到红外区范围内，而且体积小、重量轻、性能稳定、价格便宜，因此应用比较广泛；但因其具有一定的非线性，所以光敏电阻常用于光电开关实现光电控制。

　　光敏电阻的可以将光照强度转变成不同的电阻值，其接口电路就是将电阻的变化转换成电压的变化，光敏电阻的接口电路如图 5-11 所示。

图 5-11a 所示电路，其输出电压为

$$U_O = \frac{R_L}{R_L + R_\Phi} V_{CC}$$

由上式可知，光照变强时，光敏电阻 R_Φ 的电阻值变小，输出电压 U_O 变大，正比于光照强度。图 5-11b 所示电路，其输出电压为

$$U_O = \frac{R_\Phi}{R_L + R_\Phi} V_{CC}$$

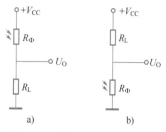

图 5-11　光敏电阻及接口电路
a) 接口电路 1　b) 接口电路 2

由上式可知，光照变强时，光敏电阻 R_Φ 的电阻值变小，输出电压 U_O 变小，反比于光照度。

3. 光电二极管及其接口电路

光电二极管是一种利用 PN 结的单向导电性的结型光敏传感器，与普通二极管不同的是 PN 结上装有透明管壳，以接受光照。光电二极管根据对不同波长的光敏感程度不同，可以分为普通光、红外光和激光三种类型。图 5-12a 为光电二极管外形图，图 5-12b 为光电二极管电路符号。没有光照时，光电二极管的反向电流很小，称为暗电流；有光照时的电流，称为光电流。光照越强，光电流越大。表 5-6 给出了国产光电二极管的主要技术参数。

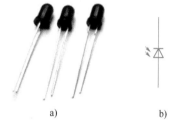

图 5-12　光电二极管外形及符号
a) 外形图　b) 电路符号

表 5-6　国产光电二极管的主要技术参数

参数型号	最高反向电压 /V	暗电流 /μA	光电流 /μA	光灵敏度	结电容 /pF
2CU1A	10				
2CU1B	20	≤0.2	≥80	≥0.4	≤5.0
2CU1C	30				
2CU1D	40				
2CU2A	10				
2CU2B	20	≤0.1	≥30	≥0.4	≤3.0
2CU2C	30				
2CU2D	40				
2CU5A	10				
2CU5B	30		≥10		≤3.0
2CU5C	50				
2CU79		≤1×10⁻²			
2CU79A	30	≤1×10⁻³	≥2.0	≥0.4	≤30
2CU79B		≤1×10⁻⁴			
2CU80		≤5×10⁻²			
2CU80A	30	≤5×10⁻³	≥3.5	0.45	≤30
2CU80B		≤5×10⁻⁴			

注：测试条件 2856K 钨丝，照度为 1000 lx。

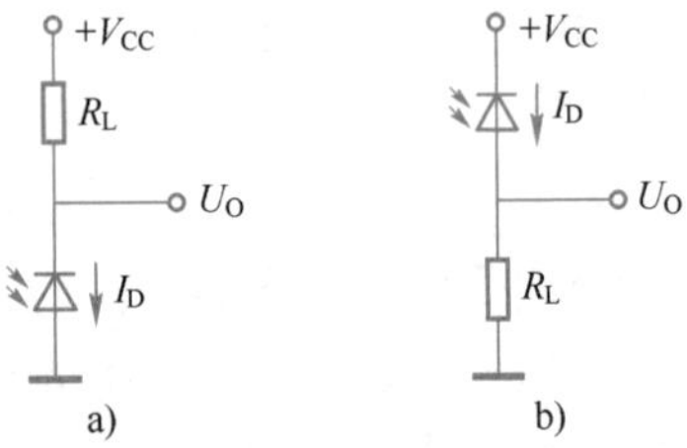

由此可见，光电二极管的反向电流正比于光照强度，在应用中，光电二极管一定要处于反偏状态，图 5-13 为光电二极管的接口电路。图 5-13a 中，输出电压为

$$U_O = V_{CC} - I_D R_L$$

由式可知，光照越强，光电流 I_D 越大，则输出电压越小。图 5-13b 的输出电压为

$$U_O = I_D R_L$$

由式可知，光照越强，光电流 I_D 越大，则输出电压越大。

图 5-13 光电二极管接口电路
a) 接口电路 1　b) 接口电路 2

4. 光电晶体管及其接口电路

光电晶体管是另一种光电转换器件，与普通晶体管一样，有 PNP 和 NPN 两种类型，有两个 PN 结，集电结具有光敏特性，相当于一个光电二极管。在应用时，集电结反偏、发射结正偏，在光照的控制下，可以等效地看成是由光电二极管产生的光电流在晶体管中进行放大，所以其光电流比光电二极管的光电流要大得多，即光电晶体管的灵敏度比光电二极管要高。光电晶体管最常用的材料是硅，一般情况下，只引出集电极和发射极，其外形与发光二极管相同，其外形图和电路符号如图 5-14 所示。表 5-7 给出了国产光电晶体管的主要技术参数。

图 5-14 光电晶体管外形图及其电路符号
a) 外形图　b) 电路符号

表 5-7　国产光电晶体管的主要技术参数

参数 型号	反向击穿电压 V_{CE} /V	最高工作电压 V_{RM} /V	暗电流 I_D /μA	光电流 I_L /mA	峰值波长 λ_P /Å	最大功耗 P_M /mW	开关时间/μs t_r	t_d	t_t	t_s	环境温度 /℃
3DU11	≥15	≥10				30					
3DU12	≥45	≥30		0.5-1		50					
3DU13	≥75	≥50				100					
3DU21	≥15	≥10				30					
3DU22	≥45	≥30	≤0.3	1-2		50					−40~125
3DU23	≥75	≥50				100					
3DU31	≥15	≥10				30					
3DU32	≥45	≥30		>2.0		50					
3DU33	≥75	≥50			8800	100	≤3	≤2	≤3	≤1	
3DU51A	≥15	≥10		≥0.3							
3DU51	≥15	≥10									
3DU52	≥45	≥30	≤0.2	≥0.5		30					−55~125
3DU53	≥75	≥50									
3DU54	≥45	≥30		≥1.0							
3DU011	≥15	≥10				30					
3DU012	≥45	≥30	≤0.3	0.05~0.1		50					−40~125
3DU013	≥75	≥50				100					

（1）暗电流 I_D

在无光照的情况下，集电极与发射极间的电压为规定值时，流过集电极的反向漏电流称为光电晶体管的暗电流。

（2）光电流 I_L

在规定光照下，当施加规定的工作电压时，流过光电晶体管的电流称为光电流，光电流越大，说明光电晶体管的灵敏度越高。

（3）集电极-发射极击穿电压 V_{CE}

在无光照下，集电极电流 I_c 为规定值时，集电极与发射极之间的电压降称为集电极-发射极击穿电压。

（4）最高工作电压 V_{RM}

在无光照下，集电极电流 I_c 为规定的允许值时，集电极与发射极之间的电压降称为最高工作电压。

（5）最大功率 P_M

最大功率指光电晶体管在规定条件下能承受的最大功率。

与光电二极管相似，光电晶体管的光电流是随着光照强度的增强而变大，其接口电路如图 5-15 所示。

图 5-15a 中，电路输出电压 U_O 为

$$U_O = I_C R_L$$

由上式可知，光照越强，光电流 I_C 越大，则输出电压越大。

图 5-15b 的输出电压 U_O 为

$$U_O = V_{CC} - I_C R_L$$

由上式可知，光照越强，光电流 I_C 越大，则输出电压越小。

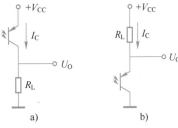

图 5-15　光电晶体管及其接口电路

5.6　电压/频率和频率/电压转换电路设计与测试

5.6.1　电压/频率转换器

5.6.1　电压频率转换器

电压/频率（U/f）转换器（VFC）能把输入信号电压转换成相应的频率信号，即它的输出信号频率与输入信号电压值成比例，故又称之为电压控制（压控）振荡器（VCO）。由于频率信号抗干扰性好，便于隔离、远距离传输，也可以调制，因此，U/f 转换器广泛地应用于调频、调相、模数转换器、远距离遥测遥控设备中。

1. 积分复原式 U/f 转换电路

图 5-16a 为运算放大器组成的 U/f 转换电路，电路包括积分器、比较器和积分复原开关等。其中由 A_2、$R_5 \sim R_9$ 组成的滞回比较器的正相输入端两个门限电平为

$$U_1 = -U \frac{R_7}{R_6 + R_7} + U_z \frac{R_6}{R_6 + R_7} \tag{5-7}$$

$$U_2 = -U\frac{R_7}{R_6+R_7} - U_Z\frac{R_6}{R_6+R_7}$$

式中，U_Z 为输出限幅电压，其大小由稳压管 VZ_2 的稳压值所决定。

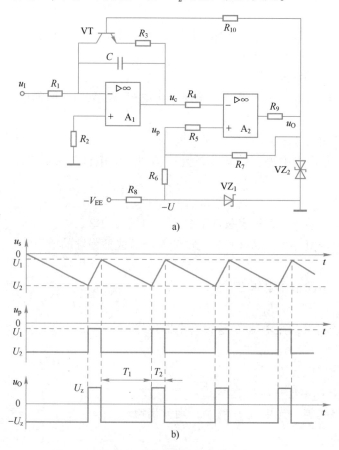

a)

图 5-16　积分复原式 U/f 转换电路及各点波形

a) 转换电路　b) 波形图

当输入信号 $u_1 = 0$ 时，A_1 组成的积分器输出 u_c 为 0 V。由比较器特性可知，此时比较器输出 u_0 为负向限幅电压 $-U_Z$，开关管 VT 截止，比较器同相端电压 u_p 为 U_2。

当输入电压 $u_1 > 0$，积分器输出电压 u_c 负向增加，$u_c \leqslant U_2$ 时，比较器输出 u_0 由负向限幅电压突变为限幅电压 U_Z，驱动开关管 VT 由截止变为导通，致使积分电容 C 通过 R_3 放电，积分器输出迅速回升。同时，u_0 通过正反馈电路使比较器同相端电压 u_p 突变为 U_1，从而锁住比较器的输出状态不随积分器输出回升而立即翻转。当积分器输出回升到 $u_c > U_1$ 时，比较器输出又由正向限幅电压 U_Z 突变为负向限幅电压 $-U_Z$，VT 又处于截止状态，同时 u_p 恢复为 U_2，积分器重新开始积分。如此循环往复，因而积分器输出一串负向锯齿波，比较器输出相应频率的矩形脉冲序列，各级输出波形如图 5-16b 所示。显然，输入电压越大，积分电容 C 充电电流及锯齿波电压的斜率就越大，因此每次达到负向门限电压 U_2 的时间也越短，输出脉冲的频率就越高。积分复原式电路的 Multisim 仿真效果如图 5-17 所示。

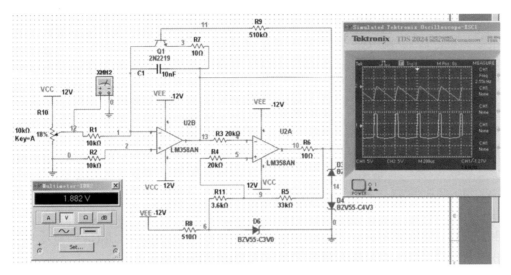

图 5-17　积分复原式电路 Multisim 仿真效果

由电路可知，积分器在充电过程的输出电压为

$$u_c(t) = -\frac{1}{R_1 C}\int_0^t u_i \mathrm{d}t + U_1$$

令充电持续时间为 T_1，则有

$$T_1 = \frac{R_1 C(U_1 - U_2)}{u_i}$$

对于放电过程，放电电流是个变数，其平均值为

$$I = \left|\frac{U_1 + U_2}{2(R_3 + r_{ce})}\right|$$

式中，r_{ce} 为晶体管 VT 集电结 ce 结电阻。

放电持续时间 T_2 为

$$T_2 = \left|\frac{U_2 - U_1}{u_i}\right| C = 2(R_3 + r_{ce}) C \left|\frac{U_1 - U_2}{U_1 + U_2}\right|$$

因此，充放电周期为

$$T = T_1 + T_2 = (U_1 - U_2) C \left[\frac{R_1}{u_i} + \left|\frac{2(R_3 + r_{ce})}{U_1 + U_2}\right|\right]$$

由上式可见，周期 T 包括两项：第一项由输入电压对电容 C1 的充电过程决定，f/U 关系是线性的；第二项为一常数，它的大小由 C 的放电过程决定，是给 f/U 关系带来非线性的因素。为提高 U/f 转换的线性度，要求

$$\frac{R_1}{u_i} \gg \left|\frac{2(R_3 + r_{ce})}{U_1 + U_2}\right|$$

在上述条件下，放电时间可以忽略，输出脉冲的频率为

$$f_0 \approx \frac{1}{T} = \frac{U_i}{R_1 C(U_1 - U_2)}$$

2. 电荷平衡式 U/f 转换电路

电荷平衡式 U/f 转换电路基于电荷平衡原理，主要由积分器 A_1、过零比较器 A_2、单稳定时器及恒流发生器等组成，如图 5-18a 所示。假设 $u_1>0$，接通电源瞬间，u_1 对 C 反向充电，充电电流为 i，当 A_1 输出电压 u_c 低于 0 V 时，比较器 A_2 翻转，产生正跳变（输出高电压），电路进入工作过程。此时，该正跳变触发单稳定时器产生宽度为 t_0 的脉冲，该脉冲接通恒流源，设计 $|I_s|>i$，恒流源电流由右向左向对 C 快速充电，从而使 A_1 的输出电压 u_c 迅速升高，产生正向斜变。当脉冲结束后，开关 S 断开，由 u_1 产生的电流 $i=u_1/R$ 向电容器 C 反向充电（放电），使 A_1 的输出电压 u_c 开始下降，产生负向斜变。当 u_c 下降到低于 0 V 时，比较器又一次翻转使单稳定时器产生一个 t_0 脉冲，电容器 C 再一次充电，如此反复下去……。在一个周期内，电容器 C 上的电荷量不发生变化，即由 (I_s-i) 产生的充电电荷与 i 产生的放电电荷相等。在充电时间 t_0 内的电荷量为 $\Delta Q_0=(I_s-i)t_0$，在放电时间 t_1 内的电荷量为 $\Delta Q_1=it_1$，由电荷平衡原理，$\Delta Q_0=\Delta Q_1$，得 $t_1=(I_s/i-1)t_0$，输出脉冲频率为

$$f_0=\frac{1}{t_0+t_1}=\frac{1}{I_st_0}i=\frac{u_1}{I_st_0R}$$

图 5-18b 为电荷平衡式 U/f 转换电路的波形图。由上式可知，输入电压 u_1 越大，则频率越高。而且，该种转换器从原理上消除了积分复原时间所引起的非线性误差，故大大提高了转换的线性度。集成 U/f 转换器大多采用电荷平衡型 U/f 转换电路作为基本电路。

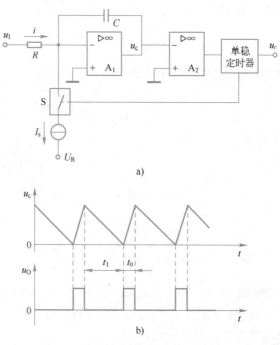

a)

b)

图 5-18　电荷平衡式 U/f 转换电路及波形图
a）转换电路　b）波形图

3. 集成 U/f 转换器 LM331 应用与测试

模拟集成转换器有很多，如 VFC32、TC9401、AD650 和 LMX31 系列等。本项目以 LM331 为例，介绍其特性及应用方法。

（1）LM331 基本特性

LM331 是美国 NS 公司生产的性能价格比高、外围电路简单、可单电源供电、低功耗的精密电压/频率转换器集成电路。LM331 动态范围宽达 100 dB，工作频率低到 0.1 Hz 时尚有较好的线性度，数字分辨率达 12 位。LM331 的输出驱动器采用集电极开路形式，因此可通过选择逻辑电流和外接电阻来灵活改变输出脉冲的逻辑电平，以适配 TTL、DTL 和 CMOS 等不同逻辑电路。LM331 可工作在 4.0～40 V 之间，输出可高达 40 V，而且可以防止 V_{cc} 短路。该转换器可以构成电压频率转换电路（VFC），也可构成频率电压转换电路（FVC）。

基本特点：

- 输出频率范围为 0～100 kHz。
- 电压范围为 4～40 V。
- 输入电压范围为 -2 V～V_{cc}。
- 保证线性为 0.01%（最大）。
- 低功耗为 15 mW（5 V）。
- 宽动态范围为 100 dB。

（2）LM331 内部结构框图和引脚功能

图 5-19 所示为 LM331 组成框图。LM331 转换器内部电路由输入比较器、定时比较器和 RS 触发器构成的单稳定时器、基准电源电路、精密电流源、电流开关及集电极开路输出管等几部分组成。两个 RC 定时电路，一个由 R_t、C_t 组成，它与单稳定时器相连；另一个由 R_L、C_L 组成，靠精密的电流充电，电流源输出电流 i_s 由内部基准电压源供给的 1.9 V 参考电压和外接电阻 R_s 决定（$I_s = 1.9 \text{V}/R_s$）。

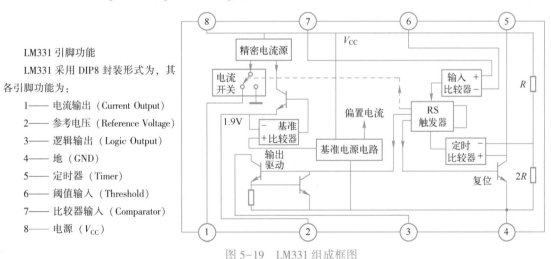

LM331 引脚功能

LM331 采用 DIP8 封装形式为，其各引脚功能为：

1—— 电流输出（Current Output）

2—— 参考电压（Reference Voltage）

3—— 逻辑输出（Logic Output）

4—— 地（GND）

5—— 定时器（Timer）

6—— 阈值输入（Threshold）

7—— 比较器输入（Comparator）

8—— 电源（V_{CC}）

图 5-19　LM331 组成框图

（3）转换原理

LM331 用作 U/f 转换器的简化电路及各电压波形如图 5-20 所示。当正输入电压 $u_1 > u_6$ 时，输入比较器输出高电平，使单稳态定时器输出端 Q 为高电平，输出管 VT 饱和导通，频率输出端输出低电平 $u_O = u_{oL} \approx 0 \text{V}$，同时，电流开关 S 闭合，电流源输出电流 I_s 对 C_L 充电，u_6 逐渐上升。同时，与引脚 5 相连的芯片内放电管截止，电源 V_{CC} 经 R_t 对 C_t 充电，当 C_t 电压上升至 $u_5 = u_{Ct} \geq 2/3 V_{CC}$ 时，单稳态定时器输出改变状态，Q 端为低电平，使 VT 截止，

$u_O = u_{oH} = +E$，电流开关 S 断开，C_L 通过 R_L 放电，使 u_6 下降。同时，C_t 通过芯片内放电管快速放电到 0 V。当 $u_6 \leqslant u_I$ 时，又开始第二个脉冲周期，如此循环往复，输出端便会输出脉冲信号。

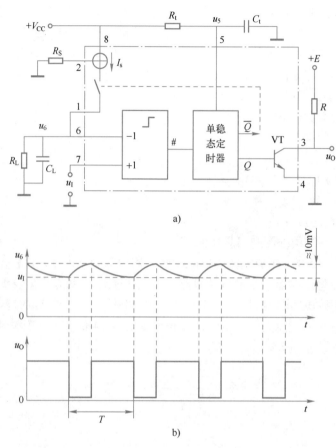

图 5-20　LM331 构成的 U/f 转换器简化电路及各电压波形

a) 转换电路　b) 波形图

设输出脉冲信号周期为 T、输出为低电平（$u_O = u_{oL} \approx 0$ V）的持续时间为 t_0。在 t_0 期间，电流 I_s 提供给 C_L、R_L 的总电荷量 Q_S 为

$$Q_s = I_s T_0 = 1.9 \frac{t_0}{R_s}$$

周期 T 内流过 R_L 的总电荷量（包括 I_s 提供及 C_L 放电提供）Q_R 为

$$Q_R = i_L T$$

式中，i_L 为流过 R_L 的平均电流。

实际上，u_6 在很小的区域（大约 10 mV）内波动，可近似取 $u_6 \approx u_I$，则 $i_L \approx u_I / R_L$，故有

$$Q_R \approx \frac{u_i}{R_L} T$$

由定时电容 C_t 的充电方程式

$$u_{c_t} = V_{CC} \left[1 - \exp\left(-\frac{t_0}{R_t C_t} \right) \right] = \frac{2}{3} V_{CC}$$

可求得

$$t_0 = R_t C_t \ln 3 \approx 1.1 R_t C_t$$

根据电荷平衡原理，周期 T 内 I_s 提供的电荷量应等于 T 内 R_L 消耗掉的总电荷量，即 $Q_S = Q_R$，可求得输出脉冲信号频率 f_0 为

$$f_0 = \frac{1}{T} \approx \frac{R_s u_I}{1.9 \times 1.1 R_t C_t R_L} = \frac{R_s u_I}{2.09 R_t C_t R_L}$$

式中，u_I 的单位为 V。由上式可知，输出脉冲的频率 f_0 与输入信号的电压值 u_I 成正比例关系。

（4）LM331 作为典型电压/频率变换的典型应用电路

图 5-21 所示为 LM331 作为电压/频率转换器的基本应用电路，传感器的输出经过信号调理后得到 0~5 V 的直流电压 U_I，接入 LM331 的 7 脚，从 3 脚输出电压 u_o 的频率 f 与输入电压 U_I 成正比，其频率值为

$$f = \frac{RP_1 u_I}{2.09 R_t C_t R_L}$$

按照图 5-13 接线，若 RP_1 调成 14.2 kΩ，则输出电压 u_O 的频率与输入信号 U_I 的关系为 1 kHz/V。该电路的 Proteus 仿真效果如图 5-22 所示。调节 RP_1 可以改变输出频率与输入电压的比例关系。

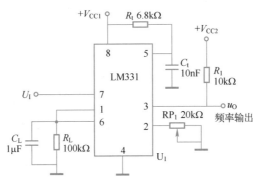

图 5-21　典型电压/频率变换电路原理图

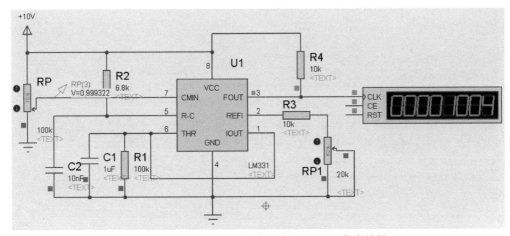

图 5-22　LM331 U/F 转换电路的 Proteus 仿真效果

5.6.2　频率/电压转换器设计与测试

把频率变化信号线性地转换成电压变化信号的转换器称为频率/电压（f/U）转换器（FVC）。f/U 转换器的工作原理主要包括电平鉴别器、单稳态触发器和低通滤波器三部分。输入信号 u_s 通过鉴别器转换成快速上升/下降的方波信号去触发单稳态触发器，随即产生定宽（T_w）、定幅度（U_m）的输出脉冲序列。将此脉冲序列经低通滤波器平滑，可得到比例于输入信号频率 f_i 的输出电压 u_O，$u_O = T_w U_m f_i$。

1. 通用运放 f/U 转换电路

图 5-23a 所示为由运算放大器 A_1、A_2、A_3 组成的 f/U 转换电路。A_1 构成滞回比较器，输入有二极管 VD_1、VD_2 限幅保护，A_1 将输入信号转换成频率相同的方波信号，再经微分电容 C_1 和二极管 VD_3 把上升窄脉冲送至 A_2。A_2 构成单稳态电路，常态下其反相输入 u_N 为负电位，使输出为高电平，VT_1、VT_2 导通，这时 u_2 为低电平。正触发脉冲使 A_2 迅速翻转输出低电平，VT_1 截止，u_2 上升为高电平，它等于稳压管 VZ 的稳压值 U_m，u_N 保持高电平 U_H，如图 5-15b 所示。同时 VT_2 截止，使 C 通过 R 充电，经过 T_w 时间，u_p 上升到 U_H 以上使 A_2 再次翻转"复位"，单稳过程结束。由 u_2 输出定宽（T_w）、定幅度（U_m）的脉冲，u_2 输出高电平的频率随输入频率的升高而增大。由图 5-23a 电路可得 VT_1 截止时，A_2 反相输入端的电压：

$$U_H = \frac{R_1}{R_1+R_2}U_m + \frac{R_2}{R_1+R_2}(-V_{EE})$$

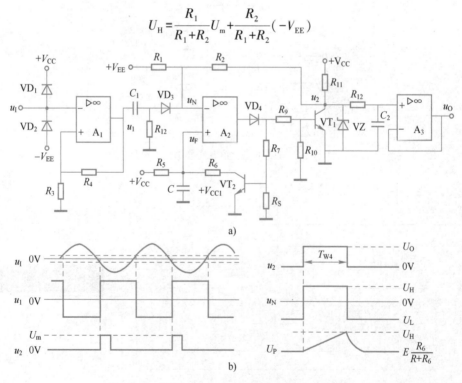

图 5-23　通用运放 f/U 转换电路及各点电压波形

a）电路原理图　b）波形图

根据 RC 电路瞬态过程的基本公式

$$u_p(t) = u_p(\infty) + [u_p(0^+) - u_p(\infty)]e^{-\frac{t}{\tau}}$$

式中，$u_p(\infty) = V_{CC}$；充电 $u_p(0^+) = ER_6/(R+R_6)$；充电结束时，$u_p(T_w) = U_H$。因此，可以计算出 RC 充电至 U_H 所用的充电时间

$$T_w = RC\ln\left(\frac{V_{CC} - u_p(0^+)}{V_{CC} - U_H}\right) = RC\ln\left[\frac{(R_1 + R_2)V_{CC}}{(R_1 + R_2)V_{CC} - (R_1 U_m - R_2 V_{CC})}\right]\frac{R_5}{R_5 + R_6}$$

A_3、R_{12} 和 C_2 构成低通滤波器，输出电压平均值是

$$u_O = T_w U_m f_i$$

2. 集成 f/U 转换器

LM331 系列芯片也可用作 f/U 转换器，它的外接电路原理图如图 5-24 所示。输入比较器的同相输入端由电源电压 V_{CC} 经 R_1、R_2 分压得到比较电平 U_7（取 $U_7 = \frac{9}{10}V_{CC}$），定时比较器的反相输入端由内电路加以固定的比较电平 $U_- = \frac{2}{3}V_{cc}$。

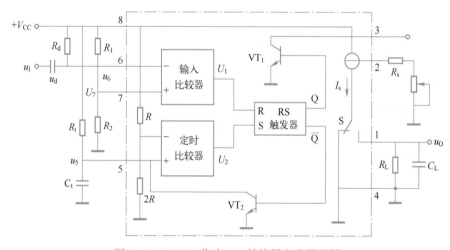

图 5-24　LM331 作为 f/U 转换器电路原理图

当 u_1 端没有负脉冲输入时，$u_6 = V_{CC} > U_7$，$U_1 = $ "0"。RS 触发器保持复位状态，$\overline{Q} = $ "1"。电流开关 S 与地端接通，晶体管 VT_2 导通，引脚 5 的电压 $u_5 = u_{C_t} = 0$。当 u_1 输入端有负脉冲输入时，其前沿和后沿经微分电路微分后分别产生负向和正向尖峰脉冲，负向尖峰脉冲使 $u_6 < U_7$，$U_1 = $ "1"。此时 $U_2 = $ "0"，故 RS 触发器转为置位状态，$\overline{Q} = $ "0"。电流开关 S 与 1 脚相接，I_s 对外接滤波电容 C_L 充电，并为负载 R_L 提供电流，同时晶体管 VT_2 截止，u_2 通过 R_t 对 C_t 充电，其电压 u_{C_t} 从零开始上升，当 $u_5 = u_{C_t} \geq U_-$ 时，$U_2 = $ "1"，此时 u_6 已回升至 $u_6 > U_7$，$U_1 = $ "0"。因而 RS 触发器翻转为复位状态，$\overline{Q} = $ "1"。S 与地接通，I_s 流向地，停止对 C_L 充电，VT_1 导通，C_t 经 VT_1 快速放电至 $u_{C_t} = 0$，U_2 又变为 "0"。触发器保持复位状态，等待 u_1 下一次负脉冲触发。

综上所述，每输入一个负脉冲，RS 触发器便置位，I_s 对 C_L 充电一次，充电时间等于 C_t

电压 u_{C_t} 从零上升到 $U_- = \dfrac{2}{3}V_{cc}$ 所需时间 t_1。RS 触发器复位期间，停止对 C_L 充电，而 C_L 对负载 R_L 放电。根据 C_t 充电规律，可求得 t_1 为

$$t_1 = R_t C_t \ln 3 \approx 1.1 R_t C_t$$

提供的总电荷量 Q_s 为

$$Q_s = I_s T_1 = 1.9 \frac{t_1}{R_s}$$

u_I 的一个周期 $T_i = 1/f_i$ 内，R_L 消耗的总电荷量 Q_R 为

$$Q_R = i_L T_i = \frac{u_0}{R_L} T_i$$

根据电荷平衡原理，$Q_s = Q_R$，可求得输出端平均电压为

$$u_0 = \frac{1.9 t_1 R_L}{T_i R_s} \approx 2.09 \frac{R_L}{R_s} R_t C_t f_i$$

从上式可见，电路输出的直流电压 u_0 与输入信号 u_I 的频率 f_i 成正比例，实现频率/电压转换功能。

习题 5

1. 常用的光电传感器有哪些？
2. 当光照由弱变强时，光敏电阻的电阻值如何变化？
3. 画出光电二极管和光电晶体管的检测电路，并分析其原理。
4. 画出 LM331 构成的 f/U 转换电路典型电路图，并写出输出电压与输入信号频率 f 的关系。
5. 写出电路调试步骤。

项目6 简易超声波测距仪检测电路设计与制作

【项目要求】

- 测距范围：$10\,cm \sim 5\,m$。
- 采用反射式超声波传感器，传感器的数量不限。
- 电路采用频率输出，输出频率：$1700 \sim 34\,Hz$。

【知识点】

- 超声波传感器的参数。
- 超声波传感器发射和接收电路。
- 555 芯片构成的多谐振荡器、单稳态电路。
- 超声波测距基本原理。
- 测距仪检测电路调试流程。
- 测距仪性能参数测试与分析方法。

【技能点】

- 超声波传感器收、发电路测试。
- 555 芯片构成的多谐振荡器、单稳态电路频率、脉宽调试。
- 示波器、信号发生器的使用。
- 测距仪性能测试。

【项目学习内容】

- 超声波传感器接收与发送电路设计与仿真。
- NE555 构成的单稳态电路、多谐振荡器等电路的综合应用设计与仿真。
- 超声波测距仪控制电路实现原理，会分析控制电路。
- 超声波测距仪控制电路仿真。
- 超声波测距仪电路制作与调试。

项 目 分 析

【任务目标】

● 掌握项目组成框图。
● 理解系统各部分的作用。

【任务学习】

1. 超声波测距的基本原理

超声波是指其频率比声波高的电磁波。超声波在传播过程中，当碰到杂质或分界面时会产生显著反射，形成反射回波，碰到活动物体能产生多普勒效应，因此超声波检测广泛应用于工业、国防和生物医学等领域。

超声波对液体、固体的穿透本领很大，尤其是在阳光不透明的固体中，它可穿透几十米的深度。超声波测距传感器广泛应用在物位（液位）监测、机器人防撞、各种超声波接近开关以及防盗报警等相关领域，具有非接触、高工效、高精度、高可靠性和高灵敏度等特点，超声波测距已成为理想的测量距离的方法。

超声波测距是人们利用仿生学的成功典范。利用材料的固有特性，研制出超声波传感器，按收、发功能不同分为超声波发射器和超声波接收器，实现超声波的发出和接收。超声波测距的基本原理是：超声波发射器向某一方向发射超声波，在发射时刻的同时开始计时，超声波在空气中传播，途中碰到障碍物就立即返回来，超声波接收器收到反射波就立即停止计时，利用发出超声波到接收到超声波的时间和超声波在空气中传播速度来计算出距离，如图 6-1 所示。如果从发送到收到信号所用的时间为 t，超声波传播速度为 v，距离为 s，则

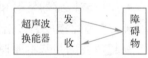

图 6-1 超声波测距原理

$$s = vt/2$$

2. 简易超声波测距仪检测电路组成框图

在实际的应用当中，如果系统含有 MCU 器件，电路可以有多种形式。在一些复杂的系统中，为了减少后续电路的处理难度，通过信号检测电路把测距仪与障碍物间的距离变换成与之成比例的电压，距离近电压就小，距离远电压就大，后续电路只要根据电压就可以知道测距仪与障碍物的远近。

根据测距的基本原理，其基本过程为：发信号→计时→收到回波→停止计时，这样通过时间来计算距离太复杂。本项目的设计思路为：发一个脉冲串→收到回波→发下一个脉冲串→收到回波→发下一个脉冲串……，距离不同，两次发脉冲串的时间间隔就不同，即输出信号的周期就不同，则其频率也不同，再将该频率信号变换成电压，则其电压值也不同。通过信号处理电路，将 10 cm ~ 5 m 的距离变换成不同的频率信号，检测电路的作用是将距离变换成不同的电路信号。检测电路采用模拟电路与数字电路相结合的方法设计，主要由超声波发射电路、超声波接收电路、波形变换电路和控制电路组成，其组成框图如图 6-2 所示。

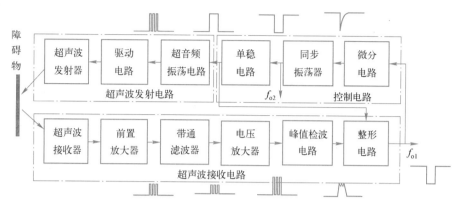

图 6-2　超声波测距仪检测电路组成框图

　　超声波测距仪电路的工作过程为：接通电源时，由控制电路发出触发信号，使单稳态电路输出一个正脉冲（脉宽约 0.25 ms），控制振荡器输出约 10 个周期 40 kHz 的信号送至超声波发送器产生超声波后发送出去；当遇到障碍物时，反射波被超声波接收器接收并经放大后，送带通滤波器取出 40 kHz 的脉冲信号（约 10 个脉冲），经峰值检波（或积分电路）变换成一个宽度约为 0.25 ms 的脉冲，经整形后输出。并以此信号作为产生下一个单稳电路的触发信号，控制发出下一串超声波。这样就将一个距离信号变换成频率信号，理论上，当被测量距离为 10 cm~5 m 时，其输出信号的频率约为 1700~34 Hz。

【巩固与训练】

　　若测量距离范围是 10 cm~5 m，根据测距原理计算不同距离时电路输出信号的频率，并填入表 6-1。

表 6-1　不同距离时电路输出信号的频率

距离/cm	10	20	30	40	50	60	70	80	90
频率/Hz									
距离/m	1	1.5	2	2.5	3	3.5	4	4.5	5
频率/Hz									

任 务 实 施

任务 6.1　超声波传感器的特性及其接口电路设计

【任务目标】

● 熟悉常用的超声波传感器。
● 会选用合适的超声波传感器。
● 会设计超声波传感器的发射与接收电路。

【任务学习】

6.1.1 超声波传感器的选用

超声波传感器是利用超声波的特性研制而成的。超声波是一种振动频率高于声波的机械波，由换能晶片在电压的激励下发生振动产生。以超声波作为检测手段，必须产生超声波并接收超声波。完成这种功能的装置就是超声波传感器，习惯上称为超声换能器，或者超声波探头。

本项目选用市面上常用的超声波换能器 NU40C16T/R，其外形如图 6-3 所示，参数如表 6-2 所示。

图 6-3　超声波换能器实物图

表 6-2　超声波换能器参数

名　　称	参　　数
标称频率	$40.0\pm1.0\,kHz$
发射灵敏度	$\geq114\,dB$
接收灵敏度	$\geq-70\,dB$
静态电容	$2500\,pF\pm20\%$
最高输入电压	$80\,Vp\text{-}p$
方向角	$60°+15°\ (-6\,dB)$
检测范围	$0.3\sim15\,m$
分辨率	$10\,mm$
工作温度	$-20\sim70℃$
储存温度	$-30\sim80℃$
外壳材料	铝壳

6.1.2 超声波发射电路设计

超声波发射电路的作用是产生 40kHz 超声波（超音频信号）、驱动（或激励）超声波换能器将信号发送出去，是否发送由控制电路送出的控制信号控制，电路由超声波产生电路和驱动电路组成。设计时应注意以下两点：

1）普通用的超声波发射器所需电流小，只有几毫安到十几毫安，但励磁电压要求在4 V以上。

2）励磁交流电压的频率必须调整在发射器中心频率 f_0 上，才能得到高的发射功率和高的效率。

1. 超声波产生电路

超声波产生电路用于产生 40 kHz 的交流信号，因频率较低，且对波形无特殊要求，本项目采用时基集成电路 555 与少量阻容元件组成振荡器实现，其电路如图 6-4 所示，振荡频率为

$$f \approx \frac{1}{0.7[R_1 + 2(RP_1 + R_2)]C_1}$$

当调节 RP_1 时，电路的振荡频率范围为 $25 \sim 62$ kHz，可以输出 40 kHz 的频率信号。

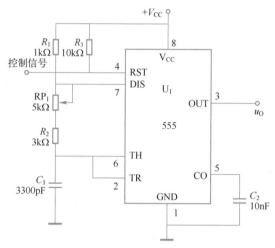

图 6-4　超声波产生电路

超声波信号的产生受控制信号控制，当控制信号为高电平时，振荡器输出频率为 40 kHz 的超声波信号，当控制信号为低电平时，则无 40 kHz 的超声波信号输出。如图 6-5 为在控制信号的作用下产生的超音频信号的波形图。

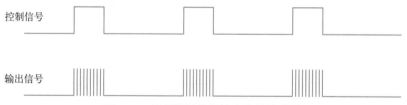

图 6-5　超音频振荡器输出信号波形图

2. 超声波驱动电路

由于超声波传感器的发射距离与其两端所加的电压成正比，为了提高发射距离，发射电路就必须产生足够大的驱动电压，如何实施呢？可以通过提高电路的工作电压来实现，也可以通过提高电路输出电压的峰-峰值来实现。本项目通过 CMOS 六个反相器 CD4069 来驱动超声波发射器，如图 6-6 所示。该电路可实现在 5 V 供电的情况下，输出峰-峰值为 10 V 的驱动信号，从 555 输出的信号传送至 CD4069-A 的输入端，经反相后送至 CD4069-E 和 CD4069-F 的输入端实现同相驱动；方波信号经 CD4069-A 后再经 CD4069-B 反相，则与 CD4069-A 同相，经 CD4069-C、CD4069-D 反相驱动，则同相驱动和反相驱动同时对超声波发射头驱动，使得超声波发射头两端的驱动电压加倍。

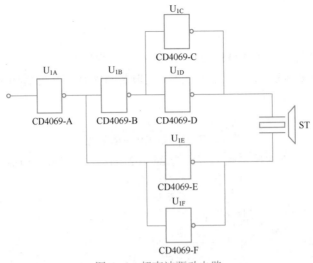

图 6-6 超声波驱动电路

 ### 6.1.3 超声波接收电路设计

超声波接收电路就是接收障碍物反射回来的超声波的电路。接收电路可以采用分立元件、集成运放为核心的多级电路构成，也可采用专用集成电路实现。本项目接收电路的信号处理流程为接收、放大、选频、检波、整形之后输出脉冲信号（正或负脉冲信号）输出。为了降低电路难度，提高成功率，本项目采用专用集成电路 CX20106 实现。

1. CX20106A 内部结构框图

CX20106A 是日本索尼公司生产的彩电专用红外遥控接收器，采用单列 8 脚直插式、超小型封装、+5 V 供电，其内部框图和引脚功能如图 6-7 所示。

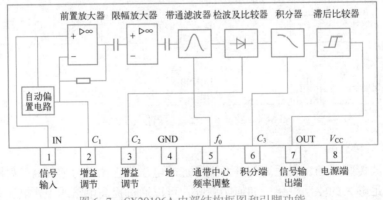

图 6-7 CX20106A 内部结构框图和引脚功能

2. CX20106A 应用电路图

图 6-8 为采用 CX20106A 的超声波接收电路原理图，图中 R_4 和 C_3 是控制 CX20106 内部放大增益，一般取 $R_4 = 4.7\,\Omega$、$C_3 = 1\,\mu F$。C_4 为检波电容，电容量大为平均值检波，瞬间响应灵敏度低；若容量小，则为峰值检波，瞬间相应灵敏度高，但检波输出的脉冲宽度变动大，易造成误动作，推荐参数为 $3.3\,\mu F$。R_5 用以设置带通滤波器的中心频率 f_0，阻值越大，

中心频率越低。若取 $R_5 = 200\,\text{k}\Omega$ 时，$f_0 \approx 42\,\text{kHz}$；若取 $R_5 = 220\,\text{k}\Omega$，则中心频率 $f_0 \approx 38\,\text{kHz}$。$C_5$ 是积分电容，标准值为 330 pF，如果该电容取得太大，会使探测距离变短。R_6 为上拉电阻，7 脚是集电极开路输出方式，因此该引脚必须接一个上拉电阻到电源端。

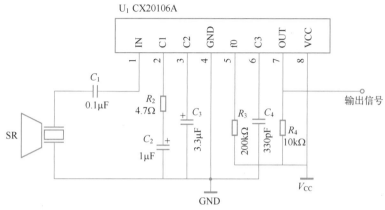

图 6-8　超声波接收电路原理图

【巩固与训练】

6.1.4　电路仿真测试

因 Proteus 中没有提供 CX20106A 的仿真模型，这里只就超声波产生与驱动电路进行仿真。

1. Proteus 电路设计

从 Proteus 元件库取出相关元器件，主要元器件有：

- 普通电阻为 RES。
- 可调电阻为 POT-HG。
- 555 为 555（或 NE555）。
- CD4069 为 4069。

根据图 6-4 和图 6-6，超声波产生电路和驱动电路的 Proteus 仿真效果如图 6-9 所示。

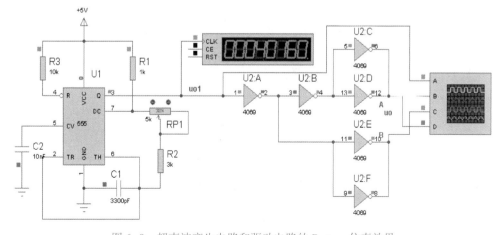

图 6-9　超声波产生电路和驱动电路的 Proteus 仿真效果

2. 仿真电路测试

1）单击"运行"按钮，调节调节 RP_1，到最大（调到最右端）和最小（调到最左端），测量振荡电路的输出信号频率范围，判断是否满足要求。

结果：

最低频率为＿＿＿＿＿＿＿＿；最高频率为＿＿＿＿＿＿＿＿＿＿。

能输出 40 kHz 的信号吗？＿＿＿＿＿＿＿＿＿。

注意：测量频率时，计数/定时器要调到频率模式，单击运行按钮后要等一段时间才会出现测量结果。

2）测量 u_{o1} 和驱动电路的输出信号 u_O（分别测量 A 点、B 点波形相减可得），用示波器测量输出信号的波形、幅度等参数，并与理论值进行比较、分析。

振荡输出信号 u_O 波形如图 6-10 所示（上边的波形），根据原理图画出 A 点、B 点波形，并绘制 A–B 的波形，与测量结果（图 6-10 下边的波形）进行比较。

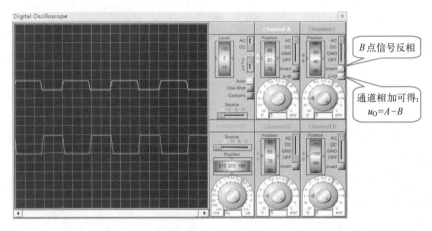

图 6-10　电路输出波形和示波器调节示意图

波形：

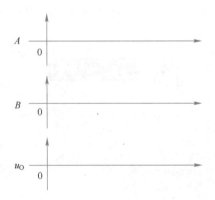

【应用与拓展】

若要输出 V_{P-P} 为 20 V 的波形，如何实现？

任务 6.2　测距仪电路设计与测试

【任务目标】

● 会根据项目要求确定电路方案。

● 掌握单稳态电路、同步多谐振荡器设计与测试。

● 电路测试。

【任务学习】

6.2.1　控制电路设计

在任务 6.1 中，完成了超声波发射和接收电路设计，接收电路采用 CX20106A 集成芯片实现，当接收到 40 kHz 的超声波信号时，电路输出一个负脉冲。控制电路就是用这个负脉冲来触发电路再次发出 10 个 40 kHz 的脉冲串。

控制电路原理图如图 6-11 所示，电路由微分电路、同步多谐振荡电路和单稳态电路组成。控制电路的功能是在比较器输出信号的控制下产生发送下一个脉冲串的控制信号，从而使同步振荡器输出信号的频率与距离成比例。

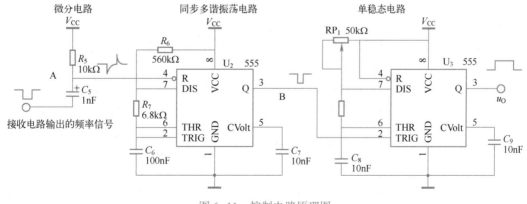

图 6-11　控制电路原理图

1. 微分电路设计

图中 R_5、C_5 构成微分电路，将接收电路输出的负脉冲变换成微分尖脉冲，并由负的尖脉冲信号去触发同步振荡器，使其提前复位而进入新的振荡周期，微分脉冲的宽度由 R_5 和 C_5 的充电时间常数决定，其值要尽量小，只要能触发使 U_2（555）复位即可。

2. 同步多谐振荡电路设计

同步多谐振荡电路由 U_2（555）、R_6、R_7、C_6 及 C_7 组成，同步振荡电路有一固定频率，但在新的周期到来前，若对复位施加复位信号，则振荡电路提前进入下一振荡周期。

当复位端为高电平时，其固有振荡周期为

$$T = 0.7(R_6 + 2R_7)C_6$$
$$= 0.7 \times (560\,\text{k}\Omega + 2 \times 6.8\,\text{k}\Omega) \times 100 \times 10^{-9}\,\text{F}$$
$$\approx 40\,\text{ms}$$

即其固有频率为 25 Hz。

当障碍物距离为 5 m 时，可得其周期为

$$T = \frac{5\,\text{m} \times 2}{340\,\text{m/s}} \approx 29.4\,\text{ms}$$

频率为 $f = 1/T \approx 34\,\text{Hz}$。

其周期小于振荡器的固有振荡周期。

由此可知，当接收不到超声波信号时（距离大于 5 m），同步振荡器输出 25 Hz（周期 40 ms）的固定频率信号。当距离小于 5 m 时，即接收电路可以接收到超声波信号，同步多谐振荡器输出频率 34 Hz，其频率由距离决定。

3. 单稳态电路设计

单稳态电路由 U_3、RP_1、C_8、C_9 组成，电路的作用是产生宽为 0.25 ms 的高电平，用于触发超声波振荡电路产生 10 个周期的超声波信号。

电路的脉宽由 RP_1 和 C_8 决定，555 单稳态电路输出脉宽 T_w 的计算公式为

$$T_w = RP_1 C_8 \ln 3 = 1.1 RP_1 C_8 = 0.25\,\text{ms}$$

$RP_1 C_8 = 227.27\,\mu\text{s}$，若 C_8 取 10 nF，则可得 RP_1 为 22.7 kΩ，用 50 kΩ 的可调电阻调节得到。

6.2.2　总体电路

结合任务 6.1 和本次任务的电路设计，结合图 6-4、图 6-6、图 6-8 和图 6-11，设计完成测距仪的总电路，如图 6-12 所示。图中 R_1、VT_1 的作用是防止超声波发送器发出的信号没经过障碍物的反射，直接被超声波接收电路接收到。电路的工作原理是，当单稳态电路输出高电平时，晶体管 VT_1 导通，超声波传感器的输出信号被 VT_1 短路，即直接收到的信号补屏蔽了。

总体电路的工作过程为：电路通电后，在固有振荡频率的控制下，单稳态电路输出脉宽为 0.25 ms 的正脉冲，控制超音频振电路输出 10 个周期 40 kHz 的超声波信号，通过驱动电路 CD4069 驱动超声波换能器发出超声波信号；该超声波信号遇到障碍物后发生反射，反射的超声波被超声波接收器接收到，经内部接收、放大、选频、检波、整形之后输出负脉冲信号，该负脉冲信号经微分电路后使同步振荡器提前复位，进入新的周期，控制稳态电路输出 0.25 ms 的正脉冲，振荡电路产生 10 个周期的超音频信号……，电路中各单元电路输出波形如图 6-13 所示。

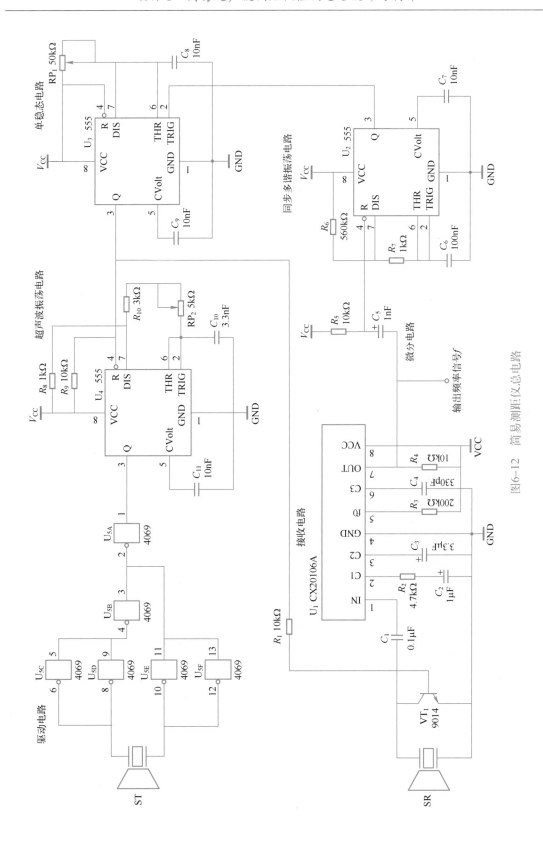

图6—12　简易测距仪总电路

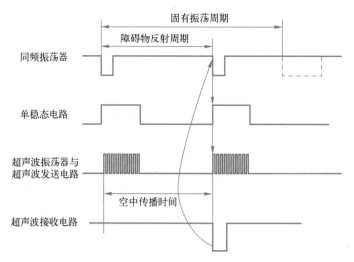

图6-13　各单元电路输出波形示意图

【巩固与训练】

　6.2.3　控制电路仿真与测试

电路完成后，利用Proteus软件对控制电路进行仿真。

1. Proteus电路设计

仿真元器件：

- 普通电阻为RES。
- 可调电阻为POT-HG。
- 无极性电容为CAP。
- 555为555（或NE555）。
- 开关为SWITCH。

根据电路原理图绘制Proteus仿真电路图（包含超声波振荡电路），如图6-14所示。

2. 电路仿真测试

左上角的开关S模拟是否接收到超声波信号，开关S闭合表示接收到超声波信号，S断开表示有收到超声波信号。信号源的频率值可根据表6-1中计算值进行设置。

（1）电路调试

1）单稳态电路调试。单击"仿真"按钮，运行仿真电路，调节RP_1，使单稳态电路输出高电平宽度为0.25ms。调节方法参见图6-15a，0.25ms即250μs，使示波器每格时间为50μs，高电平宽度调到5格，达到要求。

2）超音频振荡电路调节。在仿真状态下，调节RP_2，使超音频振荡电路输出信号的周期为25μs。

（2）电路测试

设置好输入信号源的频率，分别将开关S断开和闭合，观察各单元电路输出信号波形，测试结果与理论一致吗？将仿真结果分享并讨论。

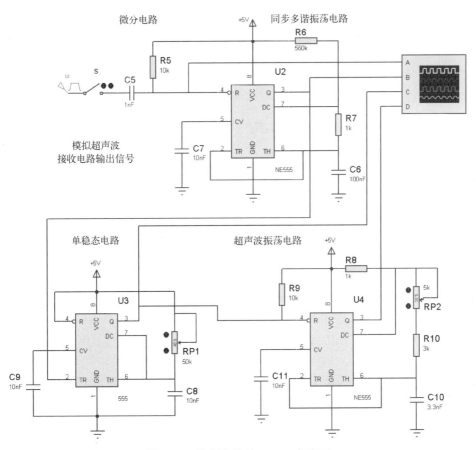

图 6-14 控制电路的 Proteus 仿真图

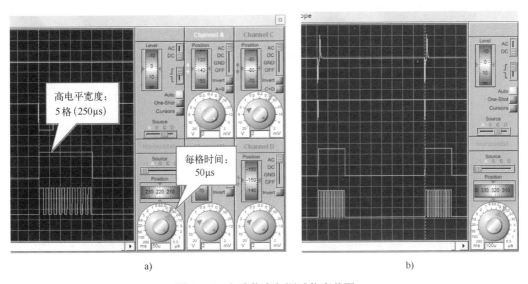

a) b)

图 6-15 电路仿真与调试仿真截图

a) 脉宽调节示意图 b) 1kHz 返回信号测量波形图

任务 6.3　简易测距仪检测电路装调与测试

【任务目标】

- 掌握电路制作、调试、参数测量方法。
- 会制作、调试和测量电路参数。
- 会正确使用直流稳压电路、信号发生器和示波器等仪器、仪表。
- 能根据调试步骤调试整体电路。
- 注意工作现场的 6S 管理要求。

【任务学习】

6.3.1　电路板设计与制作

硬件电路设计完成后，在仿真或单元电路测试基础上，即可进行总体电路制作。

1. 电路板设计

硬件电路制作可以在万能板上进行排版、布线并直接焊接，也可以通过印制电路板设计软件（如 Protel、Altium Designer 等）设计印制电路板，在实验室条件下可以后通过转印、激光或雕刻的方法制作电路板，具体方法请参阅其他资料。

2. 列元器件清单

根据电压原理图，列出元器件清单，如表 6-3 所示，以便进行元器件准备与查验。

表 6-3　元器件清单

序号	元器件名称	元器件标号	元器件型号或参数	数量
1	电阻	R_1、R_4、R_5、R_9	$10\,k\Omega$	4
2		R_2	$4.7\,\Omega$	1
3		R_3	$200\,k\Omega$	1
4		R_6	$560\,k\Omega$	1
5		R_7、R_8	$1\,k\Omega$	2
6		R_{10}	$3\,k\Omega$	1
7	电位器（3296）	RP_1	$50\,k\Omega$	1
8		RP_2	$5\,k\Omega$	1
10	电容	C_1、C_6	$0.1\,\mu F$	1
11		C_2	$1\,\mu F$	1
12		C_3	$3.3\,\mu F/16\,V$	1
13		C_4	$330\,pF$	1
14		C_5	$1\,nF$	1
15		C_7、C_8、C_9、C_{11}	$10\,nF$	4

（续）

序号	元器件名称	元器件标号	元器件型号或参数	数量
16	晶体管	VT$_1$	9014	1
17	集成电路	U$_1$	CX20106A	1
18		U$_2$、U$_3$、U$_4$	NE555	3
19	超声波探头	SR、ST	NU40C16T/R	各 1
20	8 脚 SIP 底座	U$_1$	SIP8	1
21	8 脚 DIP 底座	U$_2$、U$_3$、U$_4$	DIP8	3
22	单排针		2.54 mm	10

3. 电路装配

（1）仪器工具准备

● 焊接工具一套。

● 数字万用表一块。

（2）电路装配工艺

1）清点元器件。

根据表 6-3 中的元器件清单，清点元器件数量，检测电阻参数、电解电容和瓷片电容等元器件参数是否正确。

2）焊接工艺。

要求焊点光滑，无漏焊、虚焊等；电阻、集成块底座、电位器、电解电容紧贴板子，瓷片电容、晶体管引脚到电路板留 3~5 mm。

3）焊接顺序。

由低到高。本项目分别是电阻→集成块底座→排针→瓷片电容→电解电容→电位器。

注意：电解电容的正负极、集成块的方向等。

在电路制作的过程中，注意遵守职场的 6S 管理要求。

6.3.2　电路调试

1. 调试工具

● 钢卷尺（5 m）。

● 双路直流稳压电源。

● 函数信号发生器。

● 数字示波器。

● 万用表。

● 一字螺钉旋具。

2. 通电前检查

电路制作完成后，需要进行电路调试，以实现相应性能指标。在通电前，要检查电路是否存在虚焊、桥接等现象，更重要的是要通过万用表检查电源线与地之间是否存在短路现象。

3. 电路调试

在确保电源不短路的情况下，可以通电调试（+5 V）。接通常电源后，要通过眼、鼻等感觉器官判断电路是否工作正常，若电路正常，则进行电路功能调试。

（1）单稳态电路调试

接通电源，在不接收超声音波信号的情况下，同步振荡器输出 25 Hz 的信号，用示波器观察单稳态电路的输出波形，调节 RP_1，使高电平宽度为 0.25 ms。

（2）超声波振荡电路的调节

示波器接到超声波振荡电路输出端，测量脉冲串周期，调节 RP_2，使其周期为 50 μs。

【巩固与训练】

6.3.3　测距仪检测电路性能测试

电路调试完成后，其性能指标是否达到设计要求，需要通过对电路的参数进行分析才能确定。

电路调试完成后，对检测电路的性能进行测试，分别测量不同距离情况下超声波接收电路输出信号频率，填入表 6-4，并分析精确度，最大误差出现的距离。

表 6-4　不同距离时超声波接收电路输出信号频率测量表

距离/cm	10	30	40	50	60	70	80	90
实测频率								
距离/m	1	2	2.5	3	3.5	4	4.5	5
实测频率								

【应用与拓展】

若电路测距范围是 5 cm~1 m，超声波振荡电路的频率如何选择？

相 关 知 识

6.4　超声波换能器及应用

6.4.1　超声波换能器特性

1. 基本特性

超声波换能器（也叫超声波探头）主要由压电晶片组成，既可以发射超声波，也可以接收超声波。小功率超声波探头多用于探测。它有许多不同的结构，可分直探头（纵波）、斜探头（横波）、表面波探头（表面波）、兰姆波探头（兰姆波）和双探头（一个探头反射、一个探头接收）等。

超声波发射器向外发射固定频率的信号，超声波接收器负责接收信号，用得比较多的频率为 40 kHz。图 6-16 为超声波换能器符号。

超声波具有频率高、波长短、绕射现象小，特别是方向性好、能够成为射线而定向传播等特点。

2. 性能指标

超声波探头的核心是其塑料外套或者金属外套中的一块压电晶片。构成晶片的材料可以有许多种，晶片的大小也不同，如直径和厚度也各不相同，因此每个探头的性能是不同的。超声波换能器的主要性能指标如下几项。

（1）工作频率

工作频率就是压电晶片的共振频率，当加到晶片两端的交流电压的频率和晶片的其振频率相等时，输出的能量最大，灵敏度也最高，如图 6-17 所示。

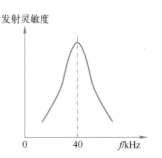

图 6-16 超声波换能器符号　　图 6-17 超声波换能器频率特性曲线

（2）工作温度

由于材料的居里点一般比较高，特别是诊断用超声波探头使用功率较小，所以工作温度比较低，可以长时间地工作而不失效。

（3）灵敏度

灵敏度主要取决于制造晶片本身。机电耦合系数大、则灵敏度高；反之，灵敏度低。

6.4.2 超声波发射电路

超声波发射电路包括超声波换能器、40 kHz 超声波振荡器、驱动（或激励）电路，利用 NE555 构成的超声波振荡器和 CD4069 构成的驱动电路 6.1.2 中已有应用，本处只介绍利用与非门和阻容元件构成的多谐振荡器，其电路如图 6-18 所示。

利用与非门构成的多谐振荡器，其振荡频率约为 1/（2.2RC）。控制信号由 G_2 输入，当控制信号为"0"时，输出为一直为"1"；当控制信号为"1"时，输出 40 kHz 的超声波信号。

除了使用反相器构成超声波发射电路外，也可以通过电压比较器实现，如图 6-19 所示。图中将 RP 调到合适的位置，当 u_i 为高电平，即 $u_i > U_R$ 时，A_1 输出为 $+V_{CC}$，A_2 输出为 $-V_{EE}$，峰-峰值为 $2V_{CC}$（若 $V_{CC} = V_{EE}$）；若输入 u_i 为低电平，即 $u_i < U_R$，A_1 输出为 $-V_{EE}$，A_2 输出为 $+V_{CC}$，输出的峰-峰值也为 $2V_{CC}$，提高了输出电压，从而提高了发射距离。

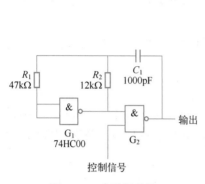

图 6-18　多谐振荡器

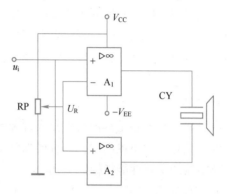

图 6-19　电压比较器构成超声波发射电路

6.4.3　超声波接收电路

超声波接收电路主要功能为接收、放大和选频。由超声波传感器从空中接收超声波并转换成电压，经放大后输出。一般超声波传感器的输出电压为毫伏级，所以要进行高倍放大，一般要放大 1000 倍以上，得到 5 V 左右的电压。由于超声波传感器的输出阻抗较高，所以放大电路应采用高输入阻抗的放大器。

图 6-20a 是以晶体管为核心的分立元器件超声波接收电路，采用阻容耦合两级放大电路，放大后的信号经 C_3 输出。

图 6-20b 是以集成运放为核心的超声波接收电路，R_1、R_2 组成分压电路，集成运放的同相端直流电压为 $1/2V_{CC}$，约为 6 V。

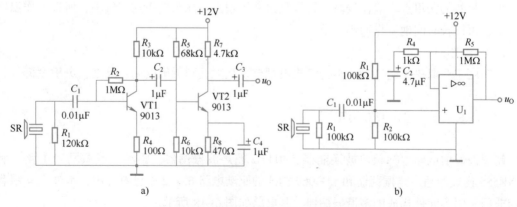

a)　　　　　　　　　　　　　　　　b)

图 6-20　超声波传感器接收电路

a) 分立元器件超声波接收电路　b) 集成运放超声波接收电路

习题 6

1. 超声波测距的基本原理是什么？
2. 超声波发射器驱动电路设计时有什么要求？
3. NE555 振荡频率如何计算？
4. 设计同步多谐振荡器时其固定振荡和外触发信号频率之间有什么要求？
5. 请设计其他集成电路构成的多谐振荡器。
6. 写出电路调试步骤。

参 考 文 献

[1] 张国雄. 测控电路 [M]. 北京：机械工业出版社，2017.

[2] 李刚. 现代测控电路 [M]. 北京：高等教育出版社，2004.

[3] 冯成龙，刘洪恩，等. 传感器应用技术项目化教程 [M]. 北京：北京交通大学出版社，2008.

[4] 周杏鹏. 现代检测技术 [M]. 北京：高等教育出版社，2004.

[5] 王椒红. 测控电路与器件 [M]. 北京：北京交通大学出版社，2006.

[6] 李贵山. 检测与控制技术 [M]. 西安：西安电子科技大学出版社，2006.

[7] 索雪松，纪建伟. 传感器与信号处理电路 [M]. 北京：中国水利水电出版社，2012.

[8] 陈刚. 传感器原理与应用 [M]. 北京：清华大学出版社，2011.

[9] 张志勇，王雪文，等. 现代传感器原理及应用 [M]. 北京：电子工业出版社，2019.